现代低压电器及其控制技术

（第 3 版）

倪远平　主　编

重庆大学出版社

内 容 提 要

本书介绍了电气工程中常用低压电器、智能电器的基本结构、工作原理和选用原则;介绍了国外低压电器的新型产品(例如电子式软起动器、可编程通用逻辑控制继电器等)、新技术及其应用发展方向;系统地介绍了电气控制原理、典型电气控制线路及设计方法;阐明了低压电器与PLC、微机的区别和联系;详细叙述了可通信低压电器的基本原理、产品类型及现场总线网络技术等,并简要介绍了应用计算机绘制电气工程图的基本原理和方法。全书图文并茂,理论联系实际,侧重于实际应用,便于自学。

本书可供从事电气工程及自动化、生产过程自动化领域的工程技术人员和科研人员阅读,也可作为高等学校电气工程、工业自动化、自动控制类等专业的教材和教学参考书,还可作为企业电气工程技术人员的培训教材。

图书在版编目(CIP)数据

现代低压电器及其控制技术/倪远平主编.—3 版.
—重庆:重庆大学出版社,2003.7(2021.8 重印)
自动化专业本科系列教材
ISBN 978-7-5624-2719-3

Ⅰ.①现…　Ⅱ.①倪…　Ⅲ.①低压电器—高等学校—教材　Ⅳ.①TM52

中国版本图书馆 CIP 数据核字(2013)第 137858 号

现代低压电器及其控制技术
(第 3 版)
倪远平　主　编
责任编辑:周　立　　版式设计:周　立
责任校对:廖应碧　　责任印制:张　策

*

重庆大学出版社出版发行
出版人:饶帮华
社址:重庆市沙坪坝区大学城西路 21 号
邮编:401331
电话:(023) 88617190　88617185(中小学)
传真:(023) 88617186　88617166
网址:http://www.cqup.com.cn
邮箱:fxk@ cqup.com.cn (营销中心)
全国新华书店经销
POD:重庆市圣立印刷有限公司

*

开本:787mm×1092mm　1/16　印张:13　字数:324 千
2003 年 7 月第 3 版　　2021 年 8 月第 11 次印刷
ISBN 978-7-5624-2719-3　定价:39.00 元

前 言

　　电气控制技术是用以实现生产过程自动化的控制技术,它以各类电动机为动力的传动装置和系统为对象。电气控制系统是其中的主干部分。电气控制系统主要包括普通电气传动控制(速度、位置、压力、张力、流量等)系统,综合(分级)自动化系统以及自动生产线。它们是现代化生产的重要组成部分和基石。电气控制系统广泛应用于各个工业部门及凡是需要动力的场合中,该系统是由电动机及供电、检测、控制装置组成的反馈控制系统,是把电能转换成非电能量的装置,其特征是:它能自动地完成能量变换和控制所需的信息处理;其结果是:改善人们在生产及生活过程中工作的条件,大幅度提高全社会生产和再生产的效率。因此,电气控制系统自动化是提高劳动生产率的合理手段,是促进国民经济不断增长的重要因素。

　　电气控制线路的实现,可以是继电器-接触器逻辑控制方法、可编程逻辑控制方法及计算机控制(单片机、可编程控制器等)方法等。而现代电气控制技术已将这些方法融为一体,生产现场已经难以将其严格区分。尽管如此,继电器-接触器逻辑控制方法仍然是基本的方法。低压电器是现代工业过程自动化的重要基础件,是组成电气成套设备的基础配套元件,包括控制电器和配电电器。它是低压用电系统可靠运行、安全用电的基础和重要保证,在国民经济中有着不可替代的重要地位与作用,在国民经济各部门及人民生活中应用广泛、量大、面广、品种繁多。例如:一套生产自动线的电器设备中,可能需要使用成千品种、规格的几万件低压电器,其投资费用可能接近或超过主机的投资。

　　电气控制技术是一门实用性很强的技术科学,也是一门多学科交叉的专门技术。它集中体现了电机控制技术、传感器技术、电力电子技术、微电子技术、自动控制技术、微机应用技术和通信技术的有机结合及最新发展成就。几乎每种技术出现的新进展,特别是计算机技术的应用、新型控制策略的出现,都不断地改变着电气控制技术的面貌,促使它正向着集成化、智

1

能化、信息化、网络化方向发展。电器元件本身也朝着新的领域发展,不断涌现出新型产品。一些电器元件被电子化、集成化;一些电器元件采用了新技术成为智能化、可通信电器;有些甚至完全改变了传统电器的观念,从传统的现场开关量、模拟量信号控制方式,转为现场级的数字化网络方式。这些都体现了当代工业现代化的技术进步,标志着现代电气控制技术将产生巨大的变革和飞跃。因此,现代意义上的电气控制技术与传统的电气控制技术有着本质的区别和不同。

综上所述,本书正是在充分考虑现代低压电器及其控制技术的发展及应用现状的基础上编写的,同时又充分考虑本书编写要符合本科教学要求和教学规律,正确处理了本书与专科教材、中专教材、研究生教材的分工与不同。编写中,注意精选内容,将传统过时或将要过时的部分删除,增加最新产品及先进技术的内容,力求与现代生产实际相结合,突出实际应用。本书共分7章,以应用最为广泛的继电接触器控制为主。第1章介绍常用低压控制电器的结构原理、工作特性及选用原则。第2章介绍了国外最新低压电器的新产品和新技术,及时了解国外低压电器发展的新动向。第3章讲解电气控制线路的基本环节,使学生掌握电气控制线路的基本原理。第4章介绍电气控制线路设计基础,并简要介绍了应用计算机绘制电气工程图的基本知识。第5章阐述了继电器控制与可编程控制器、微机等的区别和联系,强调继电-接触器逻辑控制方法仍然是基本的方法,低压电器是现代工业过程自动化的重要基础元件。第6章讲解电气控制在生产和生活方面应用的例子,强调理论联系实际,着重培养学生解决实际工程技术问题的能力。第7章介绍可通信的低压电器与现场总线,一些电器元件采用了新技术成为智能化、可通信电器,为低压电器产品的发展注入了新的活力。

书中电气符号、电路图绘制及有关术语均贯彻《GB5094—85》、《GB4728.1~4728.13—84(85)》、《GB6988.1~6988.7—86》、《GB7159—87》等最新国家标准。

本书内容具有下列特点:

1. 内容切合实际、取材先进、合理、新颖。

2. 联系工程实际,引入学科交叉内容,介绍一些新产品、新思想、新方法和新技术。

3. 较为系统地讲述了各种新型电器的基本理论和技术。

4. 本书体系、结构完整合理,其内容、例题、习题等都经过精心筛选,是作者们长期教学经验的结晶。

5. 本书文字叙述简明扼要,条理清楚,深入浅出、便于自学。

6. 着重从工程实际应用出发,突出理论联系实际,具有面向广大工程技术人员的特点,因而具有很强的工程性、实用性。

本书由昆明理工大学倪远平教授担任主编,四川轻化工学院的黄芳清副教授担任副主编。第1章、第2章的2.1,2.3,2.4由黄芳清副教授编写,第3章、第7章、第2章的2.2由倪远平教授编写,第4章由四川轻化工学院的宋弘讲师编写,第5章、第6章由昆明理工大学的杨晓洪高级工程师编写。

在本书编写过程中,我们曾参考了许多专家和学者发表的论文与著作,以及一些产品的说明书。由于各种因素不能一一预告、面谢,作者在此一并致谢。

本书适宜于从事电气工程和自动化及生产过程自动化领域的工程技术人员阅读,也可作为大专院校电气工程、工业自动化、自动控制等专业的教材和教学参考书。

由于编者水平有限,书中难免有缺点和错误之处,诚恳希望读者批评指正。

编　者

目录

第 1 章 常用低压电器

1.1 概 述

电器是一种能根据外界的信号和要求,手动或自动地接通或断开电路,断续或连续地改变电路参数,以实现电路或非电对象的切换、控制、保护、检测、变换和调节的电气设备。简言之,电器就是一种能控制电,使电按照人们的要求并安全地为人们工作的工具。

电器按其工作电压等级可分为高压电器和低压电器。低压电器通常指工作在交流电压 1 200V及其以下或直流电压 1 500V 及其以下的电路中的电器。

1.1.1 常用低压电器的分类

低压电器的种类繁多,构造各异,分类方法也很多。常见的低压电器分类方法如图 1.1 所示。

- 低压电器
  - 按操作方式分
    - 自动电器
      - 自动切换电器
      - 自动保护电器
      - 自动控制电器
    - 手动电器
  - 按工作原理分
    - 电磁式电器
    - 非电量控制电器
  - 按有无触点分
    - 有触点电器
    - 无触点电器
    - 混合式电器
  - 按基本用途分
    - 配电电器
    - 控制电器
  - 按电器配置分
    - 单个电器
    - 成套电器与自动装置
  - 按应用系统分
    - 电力系统用电器
    - 通信系统用电器
    - 电力拖动控制系统用电器
  - 按使用场合分
    - 一般工业用电器
    - 特殊工矿用电器
    - 农用电器
    - 其他场合(如航空船舶)用电器

图 1.1 常用低电压电器的分类

本书涉及的电力拖动自动控制系统常用低压电器主要有以下几种:熔断器,隔离器,刀开关,低压断路器,接触器,继电器,主令电器(控制按钮、行程开关、转换开关、主令控制器)。在本章的以后各节将对它们分别予以介绍。

1.1.2　我国低压电器的发展概况

解放前,我国的低压电器工业基本上是一片空白。解放后,从 1953 年开始,经过近 50 年至今,我国低压电器工业的发展经历全面仿苏、自行设计、更新换代、技术引进、跟踪国外新产品等几个阶段,在品种、水平、生产总量、新技术应用、检测技术与国际标准接轨等方面都取得了巨大成就。至"七五"末期(1987 年前后),我国共开发了各类低压电器产品约 600 多个系列,实际生产的约 400 多个系列(其中 100 多个系列产品目前已经淘汰),1 200 多个品种,几万种规格。"八五"期间,我国的低压电器产品一方面对"七五"及以前形成的更新换代产品和技术引进产品进行推广应用,另一方面对其进行二次开发,使其进一步完善和提高,为开发新一代产品奠定了基础。"九五"期间,我国的低压电器产品开发主要是跟踪国外新技术、新工艺、新产品,自行开发、设计、试制,是我国低压电器产业突飞猛进的时期。目前已有大批新产品、新品种面市,有的产品已达到国外同类产品的先进水平,并出口国外。新型电器包括可通信低压电器,如智能化框架断路器、智能化塑壳断路器、智能配电装置、智能化接触器、模数化终端保护电器等,并已批量投入生产,推广应用。综合上述,我国的低压电器产品主要经历了 3 代。

第一代产品,在 20 世纪 60 年代初至 70 年代初,自行开发设计的统一设计产品,以 CJ10、DZ10、DW10 为代表,约 29 个系列。这代产品总体技术性能相当于国外 20 世纪 50 年代水平,有的是 20 世纪 40 年代水平,现已被淘汰。但这一代产品为我国低压配电和控制系统的发展起了重要作用。

第二代产品,在 20 世纪 70 年代后期到 80 年代,完成的更新换代和引进国外技术生产的产品。更新换代产品以 CJ20、DZ20、DW15 系列等为代表,56 个系列。引进技术制造产品以 ME、3WE、B、3TB、LCI-D 系列等为代表,34 个系列。这批产品总体技术性能水平相当于国外 20 世纪 70 年代末、80 年代初的水平,目前市场占有率约 50%。随着新型电器的出现其市场占有率有下降趋势(注:ME 系列,引进德国 AEC 公司技术,国内型号为 DW17 系列;3WE 系列,3TB 系列,引进德国西门子公司技术;3TB 系列国内型号为 CJX3 系列;B 系列,引进德国 ABB 公司技术;LCI-D 系列,引进法国 TE 公司技术,国内型号为 CJX4 系列)。

第三代产品,在 20 世纪 90 年代跟踪国外新技术、新产品、自行开发、设计、研制的产品,以 DW40、DW45、DZ40、CJ40、S 系列等为代表的 10 多个系列。与国外合资生产的 M、F、3TF 系列等,约 30 个系列。这些产品总体技术性能达到或接近国外 20 世纪 80 年代末、90 年代初水平,目前市场占有率不足 10%,但逐年有所增长(注:M 系列,法国施耐德公司技术;F 系列,德国 F-G 公司技术;3TF 系列,德国西门子公司技术)。

当前,我国低压电器的发展正向着更高层次迈进,新产品已发展到 12 大类、380 个系列、1 200 多个品种、几万种规格,在传统低压电器向着高性能、高可靠、小型化、多功能、组合化、模块化、电子化、智能化和零部件通用化方向发展的同时,随着计算机网络的发展与应用,又在研制开发、生产和推广应用各种可通信智能化电器、模数化终端组合电器及节能电器。可以肯定,随着国民经济的发展,我国的低压电器工业将会大大缩短与先进国家的差距,发展到更高的水平,以满足国内外市场的需要。

1.1.3　国内外低压电器的发展趋势

不断吸收应用各种相关新技术是国内外低压电器发展的一大趋势,它主要包括以下几个方面:

(1)现代设计技术的应用

现代设计技术主要表现在三维计算机辅助设计系统与制造软件系统的引入、电器开关特性的计算机模拟和仿真、现代化的样机测试手段等 3 个方面。其中,三维计算机辅助设计系统集设计、制造和分析于一体(CAD/CAM/CAE),它能实现设计与制造的自动化与优化,从零件设计、装配到产品总装、仿真运行等均可在计算机上完成,并能让设计者在三维空间完成零部件设计和装配,并在此基础上自动生成工程图纸,大幅度缩短开发周期与开发费用,提高产品性能与缩小体积,它的辅助制造部分能自动完成零件的模具设计和加工工艺,并生成相应的数控代码,直接带动数控机床。它的分析仿真部分能进行产品的应力分析,热场甚至电磁场的计算,机构的静态和动态特性分析,并能通过分析使产品的设计达到优化,获得最佳的性能和最小的体积。目前国外一些著名的电器公司已广泛采用三维设计系统来开发产品,国内在 20 世纪 90 年代初首先由常熟开关厂依靠 UG 三维设计系统开发 CMI 系列高分断性能的塑壳断路器获得成功,产品由于优异的性能,加上极短的开发周期,一方面很快占领了市场,使工厂取得显著的经济效益;另一方面也带动其他工厂纷纷引进这种新技术,目前也已广泛采用。

(2)低压电器专用计算机应用软件

上述的 CAD/CAM/CAE 系统一般是指通用软件,为完善设计和提高设计效率,除建立必须的数据、符号、标准元件库外,还需要一些专用分析、计算软件,如磁系统三维分析、计算软件包、电器开关特性的计算机模拟和仿真、低压电器合闸和分断过程动态仿真、电磁机构和触头运动过程动态仿真、电弧产生与熄灭过程的动态仿真、样机测试等软件包。用 ANSYS 有限元分析软件可进行触头灭弧系统和脱扣器的磁场分析及电器机壳的强度分析;用 ADAMS 软件可进行操纵机构的动态特性分析,用 CFX-F3D 三维流体计算软件分析灭弧过程中电弧等离子体微观参数等。

(3)计算机网络系统的应用

微处理机技术和计算机技术的引入及计算机网络技术和信息通信技术的应用,一方面使低压电器智能化,另一方面使智能化电器与中央控制计算机进行双向通信。进入 20 世纪 90 年代,随着计算机通信网络的发展,低压电器与控制系统已统一形成了智能化监控、保护与信息网络。它由智能化电器、监控器、中央计算机包括可编程序控制器(PLC)及网络元件 4 部分组成。监控器在网络中起参数测量与显示、某些保护功能、通信接口作用,并代替传统的指令电器、信号电器和测量仪表。网络元件,用于形成通信网络,主要有现场总线、操作器与传感器接口、地址编码器及寻址单元等。

计算机网络系统的应用,不仅提高了低压配电与控制系统的自动化程度,并且实现了信息化,使低压配电、控制系统的调度、操作和维护实现了四遥(遥控、遥信、遥测、遥调),提高了整个系统的可靠性。实现区域联锁,使选择性保护匹配合理。采用新型监控元件,使可提供的信息量大幅度增加,实现信息共享,减少信息重复和信息通道,简化二次控制线路,接线简单,安装方便,提高工作可靠性。随着计算机网络的应用,对低压电器产品提出了新的要求,如:如何实现低压电器元件与网络的连接、用户和设备之间的开放性和兼容性、标准化的通信规约(协议)以及可靠性问题、电磁兼容性 EMC(Electromagnetic Compatibility)要求等。

在计算机网络中,为了保证数据通信的双方能正确自动地进行通信,必须制定一套关于信息传输的顺序、信息格式和信息内容的约定,称通信协议。国际标准化组织制定了开放系统互联 ISO/OSI 参考模型,共 7 层,包括传输规程和用户规程等。一些国家和公司按照 ISO/OSI 参考模型相继推出了各自的现场总线标准,如欧洲标准 PROFIBUS,我国的《低压电器数据通信规约(V1.0)》等。由于现场总线技术的出现,不但为构造分布式计算机控制系统提供了条件,并且它即插即用,扩充性好,维护方便。因此由智能化电器与中央计算机通过接口构成的自动化通信网络正从集中式控制向分布式控制发展,因而目前这种技术成为国内外关注的热点。

(4)可靠性技术

随着低压电器和控制系统的大型化、复杂化,系统元件越来越多,一个元件故障将导致系统瘫痪。因此,国内外重点研究以下几个方面:可靠性物理研究,即产品失效机理研究;可靠性指标与考核方法研究;可靠性实验装置研究;提高可靠性研究。

(5)新的灭弧系统和限流技术

由于电力系统发展的需要,对低压开关电器提出了高性能和小型化的要求,传统意义上的灭弧系统已不能满足对低压开关电器开断能力的要求,因此,国内外致力于研究新的灭弧系统和限流技术,实现开关电器"无飞弧"。如采用一种三维磁场集中驱弧技术来提高塑壳断路器的开断性能;采用旋转式双断点的限流结构,并在前后级保护特性配合方面实现"能量匹配"以提高开关电器开断能力的新概念;采用新的绝缘材料抑制由于电极的金属蒸气扩散至绝缘器壁上形成的金属粒子堆积层,加强对电弧的冷却作用等。

1.1.4 常用低压电器的基础知识

(1)电器的基本组成

从结构上看,电器一般由两个基本部分,即感受部分和执行部分组成。感受部分接受外界输入的信号,并通过转换、放大与判断做出有规律的反应,使执行部分动作;执行部分则按照感受部分对外界输入信号的反应进行相应的动作,从而接通或分断电路,实现控制的目的。

在常用低压控制电器中大部分为电磁式电器。对于有触点的电磁式电器,其感受部分就是电磁机构,执行部分就是触头系统。

(2)电磁机构

1)电磁机构的组成和工作原理

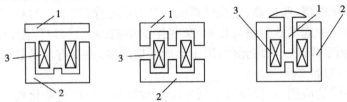

图 1.2 直动式电磁机构
1—衔铁 2—铁心 3—吸引线圈

电磁机构是电磁式电器的重要组成部分。它的工作好坏将直接影响电器的工作可靠性和

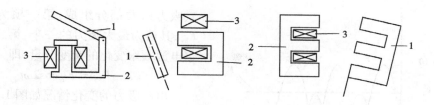

图 1.3　转动式(拍合式)电磁机构
1—衔铁　2—铁心　3—吸引线圈

使用寿命,因此,对电磁机构的形式和特性应有一定的了解。

电磁机构通常采用电磁铁的形式,由吸引线圈、铁心和衔铁三部分组成,其结构形式按衔铁的运动方式一般可分为直动式和转动式(拍合式)两种,如图1.2和图1.3所示。

电磁机构的工作原理是:当吸引线圈通入电流后,产生磁场,磁通经铁心、衔铁和工作气隙形成闭合回路,产生电磁吸力,衔铁在电磁吸力的作用下产生机械位移,被铁心吸合。与此同时,衔铁还要受到弹簧的拉力等与电磁吸力方向相反的反力的作用。只有当电磁吸力大于反力时,衔铁才能可靠地被铁心吸住。

吸引线圈通入的电流可能是直流电也可能是交流电。通入直流电的线圈称为直流线圈,通入交流电的线圈称为交流线圈。直流线圈产生恒定磁通,铁心中没有磁滞损耗和涡流损耗,只有线圈本身的铜损,因此铁心不发热,只有线圈发热,故无骨架,线圈与铁心接触,且将线圈做成高而薄的细长形以利散热。相应的铁心和衔铁用软钢或工程纯铁制成。交流线圈除线圈发热外,因铁心中有磁滞和涡流损耗,铁心也要发热,故有骨架,使线圈和铁心相互隔开且将线圈做成粗短形以改善线圈和铁心的散热情况。相应的铁心和衔铁用硅钢片叠成,以减小铁损。

另外,根据线圈在电路中的连接方式可分为串联线圈(又称电流线圈)和并联线圈(又称电压线圈)。串联线圈串接于线路中,流过的电流大,为减小对电路的影响,线圈的导线粗,匝数少,阻抗较小。并联线圈并联在线路上,为减小分流作用,降低对原电路的影响,需要其阻抗较大,所以线圈的导线细,匝数多。

2)电磁吸力和电磁机构的特性

①电磁吸力

根据马克思威尔公式,吸引线圈通入电流后产生的电磁吸力为:

$$F = 4B^2 S \times 10^5 \tag{1.1}$$

式中:F 为电磁吸力,单位为 N;

　　B 为工作气隙磁感应强度,单位为 T;

　　S 为铁心截面积,单位为 m^2。

当线圈中通以直流电时,F 为恒值。当线圈中通以交流电时,磁感应强度为交变量,即:

$$B = B_m \sin\omega t \tag{1.2}$$

由式(1.1)和式(1.2)可得:

$$F = 4S \times 10^5 B_m^2 \sin^2\omega t =$$

$$2B_m^2 S(1 - \cos 2\omega t) \times 10^5 =$$

$$2B_m^2 S \times 10^5 - 2B_m^2 S \times 10^5 \cos 2\omega t \tag{1.3}$$

由式(1.3)可知,虽然磁感应强度是正、负交变的,但电磁吸力却是脉动的,方向不变。上

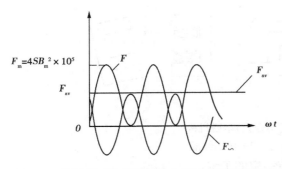

$F_m=4SB_m^2 \times 10^5$

F

F_{av}

$F_{\sim}$

0 ωt

图 1.4 线圈中通以交流电时电磁吸力的变化情况

式吸力由两部分组成:第一项为平均吸力 F_{av},其值为最大吸力的一半;第二项为以两倍电源频率变化的交变分量,即

$$F_{\sim} = F_{av}\cos 2\omega t$$

电磁吸力的变化情况如图 1.4 所示。

从式(1.3)和图 1.4 看出,电磁吸力按正弦函数平方的规律变化,变化频率为电源频率的两倍,最大值为 F_m,最小值为零。

$$F_m = 4SB_m^2 \times 10^5 = 2F_{av} \qquad (1.4)$$

当电磁吸力的瞬时值大于反力时,铁心吸合;当电磁吸力的瞬时值小于反力时,铁心释放。所以电源电压每变化一个周期,铁心将吸合两次,释放两次,从而使电磁机构产生剧烈的振动和噪声,对电器工作十分不利。解决的办法是在铁心端面开一个小槽,在槽内嵌入铜质短路环,如图 1.5 所示。

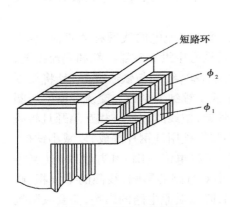

短路环

ϕ_2

ϕ_1

图 1.5 交流铁心短路环

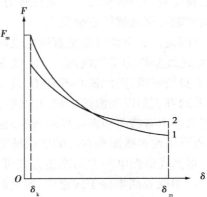

F

F_m

2

1

O δ_k δ_m δ

图 1.6 电磁机构的吸力特性
1—直流电磁机构的吸力特性 2—交流电磁机构的吸力特性

加上短路环后,铁心端面上的磁通被分成了有一定相位差的两部分,则它们所产生的电磁吸力间也有一定相位差,二者合成后的电磁吸力便不可能为零了。如果在电磁机构的吸引线圈通电期间,二者合成后的电磁吸力在任一时刻都始终大于反力,便不会产生剧烈的振动和噪声了。一般短路环包围 2/3 的铁心端面。

②电磁机构的特性

电磁机构的特性通常是指吸力特性和反力特性,二者间的配合关系将直接影响电磁式电器的工作可靠性。

吸力特性是指电磁吸力 F 与工作气隙 δ 之间的关系。对于直流电磁机构,在外加电压或电流不变时,吸力只与工作气隙的平方成反比,故吸力特性曲线为二次曲线形状。如图 1.6 中曲线 1 所示。

图中 δ_m 为衔铁打开后的气隙,δ_k 为衔铁闭合后的气隙。由曲线 1 可知,衔铁打开后的吸力比闭合后的吸力要小得多。衔铁在闭合状态时,绝对做不到使气隙为零,此时的吸力为最大吸力 F_m。但衔铁闭合后由于磁路磁阻较小,在线圈断电后由于导磁体剩磁所产生的吸力足以克服释放弹簧的反力,会使衔铁打不开。为了避免这种"衔铁粘住"现象,通常在吸力较小的

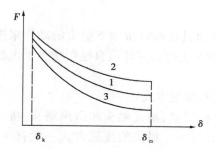

图 1.7　改变电压或电流时的吸力特性
1—原吸力特性
2—增加电压或电流时的吸力特性
3—减小电压或电流时的吸力特性

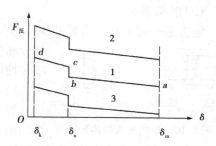

图 1.8　电磁机构的反力特性
1—释放弹簧不变时的反力特性
2—拧紧释放弹簧时的反力特性
3—放松释放弹簧时的反力特性

直流电磁机构(如直流继电器)的衔铁上装一非磁性垫片(厚度为 0.1mm 的磷铜片),在吸力较大的直流电磁机构(如直流接触器)的铁心柱端面上加装极靴,以增加衔铁闭合后的气隙。交流串联电磁机构的特性曲线形状与直流电磁机构近似,但交流并联电磁机构的特性曲线比较平坦。如图 1.6 中曲线 2 所示,且导磁体不存在有剩磁,所以在线圈断电时不会产生“衔铁粘住”现象。

在同一电磁机构中作用不同的电压或电流时,可以改变吸力特性曲线的位置。当线圈外加电压或电流增大时,吸力特性曲线上移,变得较为平坦。反之则下移,如图 1.7 所示。

反力特性是指电磁机构中与电磁吸力方向相反的反力(释放弹簧、触点弹簧以及运动部件的重力与摩擦力等对衔铁的作用力)$F_{反}$ 与气隙 δ 之间的关系。由于弹簧的作用力与长度呈线性关系,所以若反力中只考虑弹簧力,则反力特性曲线都是直线段。如图 1.8 中曲线 1 所示。

在衔铁闭合过程中,当气隙 δ_m 减小时,反力逐渐增大,如曲线 1 中的 ab 段所示,这一段为释放弹簧的反力变化。到达 δ_n 位置时,动静触点刚刚接触,这时触点弹簧的初压力作用到衔铁上,反力突增,如曲线中的 bc 段所示。当气隙 δ_n 再减小时,释放弹簧与触点弹簧同时起作用,使反力变化增大,如曲线中 cd 段所示,这一段为释放弹簧与触点弹簧的合成反力变化。

改变释放弹簧的松紧,可以改变反力特性曲线的位置。若将释放弹簧拧紧,则反力特性曲线平行上移,如图 1.8 中曲线 2 所示;反之,反力特性曲线平行下移,如图 1.8 中曲线 3 所示。

为了使电磁机构能正常工作,衔铁吸合时,吸力必须始终大于反力,即吸力特性始终处于反力特性的上方;衔铁释放时,吸力特性必须位于反力特性的下方,如图 1.9 所示。

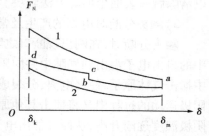

图 1.9　吸力特性与反力特性的配合
1—吸合时最小吸力特性
2—释放时允许最大吸力特性

从图中可见,在吸力特性与反力特性曲线之间,有一块面积,这块面积代表了衔铁在运动过程中积聚的能量。此块面积越大,衔铁积聚的能量越大,其动作速度也越大,衔铁和铁心接触、动触点和静触点接触时的冲击力也越大,严重时会导致衔铁和铁心间的严重机械磨损及触点的熔焊与烧损。因此,吸力特性与反力特性应尽可能靠近,以利于改善电器的性能。

(3)触头系统

触头是一切有触点电器的执行部分,这些电器就是通过在衔铁带动下触头的动作来接通与分断电路的。因此,触头工作的好坏也直接影响整个电器的工作性能。

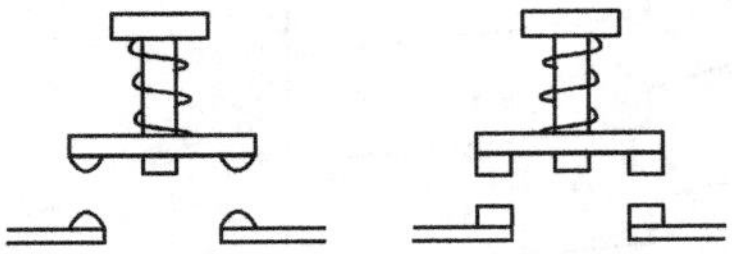

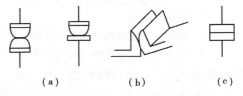

图 1.10 桥式触头结构形式

1)触头的结构形式和接触方式

触头主要有两种结构形式:桥式触头和指形触头,桥式触头的结构形式如图 1.10 所示。触头的接触方式一般有 3 种,即点接触、线接触和面接触,如图 1.11 所示。

桥式触头的两个触头串于同一个电路中,电路的通断由两个触头同时完成。桥式触头多为面接触方式,允许通过很大的电流,常用于大容量的接触器中做主触头用。指形触头多为线接触方式,它的接触区域是一条直线或一条窄面,允许通过的电流也比较大,常用于中等容量的接触器中,做主触头用。由于指形触头在通断过程中是滚动接触,所以既可产生摩擦自动消除触头表面的氧化膜,保证触头的良好接触,又可缓冲触头闭合时的撞击能量,改善触头的电器性能。

图 1.11 触头的接触方式
(a)点接触 (b)线接触 (c)面接触

点接触方式的触头因允许通过的电流很小,所以只能用于电流较小的电器中,如继电器的触头和接触器的辅助触头就常采用这种接触方式。

2)触头的接触电阻及其减小方法

触头的接触电阻包括"膜电阻"和"收缩电阻"。"膜电阻"是触头表面的氧化膜产生的电阻,"收缩电阻"是由于动静触头的接触面不是十分光滑,闭合时使有效导电面积减小而增加的电阻。接触电阻的存在,不仅会造成一定的电压损失,而且会使触头发热而温度升高,严重时可导致触头熔焊而不能正常工作。

为了减小接触电阻,可采用安装触头弹簧以增加接触压力,在铜基触头上镀银以减小接触电阻,在大容量电器中采用指形触头以自动清除氧化膜,用无水乙醇或四氯化碳及时擦拭触头以清除触头表面尘垢等方法解决。

3)触头分断时电弧的产生及常用灭弧方法

触头分断时,在刚出现断口之际,由于两触头间距离极小,其间将形成很强的电场,使阴极中的自由电子溢出到气隙中并向阳极加速运动,这称为场致发射。场致发射的电子在前进途中撞击气体原子,使之电离,分裂成为电子和正离子,这称为撞击电离。电离产生的电子在向阳极运动的过程中又将撞击其他原子使其电离,电离产生的正离子则向阴极运动,撞击阴极使阴极温度逐渐升高,从而发射出电子,这称为热电子发射。发射的热电子在向阳极运动的过程中再参与撞击电离。当隙间温度升高到一定程度后,气体原子相互间的剧烈碰撞也会产生电离,这称为热游离。以上发射、电离和游离的结果,在触头间隙间产生大量的带电粒子,在电场作用下,大量带电粒子作定向运动形成电流,于是绝缘的气体就变成了导体,致使两个触头间出现强烈的火花,这就是所谓的"电弧"。可以看出,电弧的产生实际上是一种气体放电现象。

电弧的存在不仅延迟了电路的分断时间,其高温还易烧损触头和电器中的其他部件甚至引起火灾和爆炸事故,因此应采取适当措施迅速将其熄灭。常用的灭弧方法有以下几种:

①双断口灭弧

双断口就是在一个回路中有两个产生和断开电弧的间隙。桥式双断口触头系统如图 1.12 所示。当触头分断时,在左右两个断口处产生两个彼此串联的电弧,由于两个电弧的电流方向相反,所以两个电弧在回路磁场产生的电动力 F 的作用下,向两侧方向运动,使电弧受到拉长和冷却,迅速熄灭。

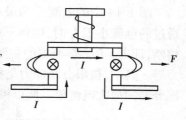

图 1.12　双断口灭弧

②磁吹灭弧

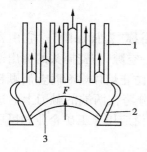

图 1.13　金属栅片灭弧示意图
1—金属栅片　2—触头　3—电弧

在一个与触头串联的磁吹线圈产生的磁场作用下,电弧受到电磁力的作用而被拉长,被吹入由固体介质构成的灭弧罩内,与固体介质接触而被冷却熄灭。

③金属栅片灭弧

图 1.13 为金属栅片灭弧的示意图。当触头分断时,产生的电弧在电动力的作用下被推入一组金属栅片中而被分割成许多串联的短弧,此时彼此绝缘的栅片就成为短弧的电极。要维持电弧燃烧必须在电极附近有一定的电压降,称为临极压降。一对临极压降约为 $12 \sim 20V$。由于电弧被分割成许多串联的短弧后使所需的总的电压降增大,从而使电源电压不足以继续维持电弧,再加上金属栅片要吸收电弧的热量,所以电弧将迅速熄灭。

1.2　熔　断　器

熔断器是一种利用物质过热熔化的性质制作的保护电器。当电路发生严重过载或短路时,将有超过限定值的电流通过熔断器而将熔断器的熔体熔断而切断电路,达到保护的目的。

1.2.1　熔断器的结构及工作原理

熔断器主要由熔体和安装熔体的熔管或熔座两部分组成。其中熔体是主要部分,它既是感受元件又是执行元件。熔体可做成丝状、片状、带状或笼状,其材料有两类:一类为低熔点材料,如铅、锌、锡及铅锡合金等;另一类为高熔点材料,如银、铜、铝等。熔断器接入电路时,熔体是串接在被保护电路中的。熔管是熔体的保护外壳,可做成封闭式或半封闭式,其材料一般为陶瓷、绝缘钢纸或玻璃纤维。

熔断器熔体中的电流为熔体的额定电流时,熔体长期不熔断;当电路发生严重过载时,熔体在较短时间内熔断;当电路发生短路时,熔体能在瞬间熔断。熔体的这个特性称为反时限保护特性。即电流为额定值时长期不熔断,过载电流或短路电流越大,熔断时间就越短。电流与熔断时间的关系曲线称为安秒特性,如图 1.14 所示。由于熔断器对过载反应不灵敏,所以不宜用于过载保护,主要用于短路保护。

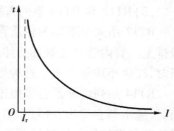

图 1.14　熔断器的安秒特性

图 1.14 中的电流 I_r 为最小熔化电流。当通过熔体的电流等于或大于 I_r 时,熔体熔断;当通过的电流小于 I_r 时,熔体不能熔断。根据对熔断器的要求,熔体在额定电流 I_N 时绝对不应熔断,即 $I_r > I_N$。熔断器的主要技术参数有额定电压、额定电流、熔体额定电流和极限分断能力等。其中,极限分断能力是指熔断器在规定的额定电压和功率因素(时间常数)的条件下,能分断的最大电流值。所以极限分断能力也是反映了熔断器分断短路电流的能力。

1.2.2 常用典型熔断器

(1)RC1A 系列瓷插式熔断器

RC1A 系列瓷插式熔断器是一种常见的结构简单的熔断器,俗称"瓷插保险"。它由瓷插座和瓷插头组成。瓷插座上两端装有静插座和接线螺钉,中间有一空隙,与瓷插头的突出部分共同形成灭弧室。电流较大时,在灭弧室中垫有石棉编织物,用以防止熔体熔断时金属颗粒喷溅。瓷插头两端装有触刀和接线螺钉,熔丝沿瓷插头中间突出部分跨在两端的触刀上。这种熔断器具有结构简单,价格低廉,尺寸小,更换方便等优点,所以广泛应用于工矿企业和民用的照明电路中。

RC1A 系列熔断器的基本数据如表 1.1 所示。

表 1.1　RC1A 系列瓷插式熔断器基本技术数据

型号	额定电压/V	额定电流/A	熔体额定电流/A	熔体材料	极限分断能力/kA
RC1A—5		5	2,4		0.25
RC1A—10		10	6,10	铅锡合金丝	0.5
RC1A—15		15	15		
RC1A—30	380	30	20,25,30		1.5
RC1A—60		60	40,50,60	铜　丝	3
RC1A—100		100	80,100		
RC1A—200		200	120,150,200	变截面紫铜片	

(2)RM10 系列熔断器

RM10 系列熔断器由熔断管、熔体和静插座等部分组成。静插座钉装于绝缘底板上。熔断管由钢纸纤维制成,管的两端由铜螺帽封闭,管内不充填料。熔体为变截面的锌片,用螺钉固定于熔断器两端的接触刀上,并装于熔断管内。熔体熔断时,电弧在管内不会向外喷出。这种熔断器的优点是更换熔体方便,使用安全,适用于经常发生短路故障的场合。RM10 系列熔断器的基本技术数据如表 1.2 所示。

(3)RT12 和 RT14 系列有填料封闭管式熔断器

RT12 系列熔断器为瓷质管体,管体两端的铜帽上焊有偏置式连接板,可用螺栓安装在母线排上。管内装有变截面熔体。在管体的正面或侧面或背面有一指示用的红色小珠,熔体熔断时,红色小珠就弹出。这种熔断器的极限分断能力达 80kA。

RT14 系列熔断器有带撞击器和不带撞击器两种类型。其中带撞击器的熔断器在熔体熔断时,撞击器会弹出,既可作熔断信号指示,也可触动微动开关的控制接触器线圈,作三相电动机的断相保护用。这种熔断器的极限分断能力比 RT12 系列还高,可达 100kA。RT12 和 RT14 系列熔断器的基本技术数据如表 1.3 所示。

表 1.2　RM10 系列无填料封闭管式熔断器基本技术数据

型号	额定电流/A	熔体额定电流/A	极限分断能力/kA
RM10—15	15	6,10,15	1.2
RM10—60	60	15,20,25,35,45,60	3.5
RM10—100	100	60,80,100	10
RM10—200	200	100,125,160,200	
RM10—350	350	200,225,260,300,350	
RM10—600	600	350,430,500,600	
RM10—1 000	1 000	600,700,850,1 000	12

表 1.3　RT12 和 RT14 系列熔断器的基本技术数据

型号	额定电压/V	额定电流/A	熔体额定电流/A	极限分断能力/kA
RT12—20	415	20	2,4,6,10,16,20	80
RT12—32		32	20,25,32	
RT12—63		63	32,40,50,63	
RT12—100		100	63,80,100	
RT14—20	380	20	2,4,6,10,16,20	100
RT14—32		32	2,4,6,10,16,20,25,32	
RT14—63		63	10,16,20,25,32,40,50,63	

(4) RL6 系列螺旋式熔断器

该系列熔断器由带螺纹的瓷帽、熔管、瓷套以及瓷座等组成。瓷管内装有熔体并装满石英砂,将熔管置入底座内,旋紧螺帽,电路就可接通。管内石英砂用于灭弧,当电弧产生时,电弧在石英砂中因冷却而熄灭。瓷帽顶部有一玻璃圆孔,内装有熔断指示器,当熔体熔断时指示器弹出脱落,透过瓷帽上的玻璃孔就可以看见。这种熔断器具有较高的分断能力和较小的安装面积,常用于机床控制线路中以保护电动机。RL6 系列螺旋式熔断器基本技术数据如表 1.4所示。

表 1.4　RL6 系列螺旋式熔断器基本技术数据

型号	额定电压/V	额定电流/A	熔体额定电流/A	极限分断能力/kA
RL6—25	500	25	2,4,6,10,16,20,25	50
RL6—63		63	35,50,63	
RL6—100		100	80,100	
RL6—200		200	125,160,200	

(5) RLS2 系列螺旋式快速熔断器

该系列熔断器的熔体为银丝,适用于对小容量的硅整流元件和晶闸管的短路保护。RLS2

熔断器的基本技术数据如表1.5所示。

表 1.5 RLS2 熔断器的基本技术数据

型号	额定电压/V	额定电流/A	熔体额定电流/A	极限分断能力/kA
RLS2—30		30	16,20,25,30	
RLS2—63	500	63	35,(45),50,63	50
RLS2—100		100	(75),80,(90),100	

1.2.3 熔断器的选用原则

(1)熔断器类型的选择

选择熔断器类型时,主要依据负载的保护特性和预期短路电流的大小。例如,用于保护小容量的照明线路和电动机的熔断器,一般是考虑它们的过电流保护,这时,希望熔体的熔化系数适当小些,应采用熔体为铅锡合金的熔丝或 RC1A 系列熔断器;而大容量的照明线路和电动机,除应考虑过电流保护外,还要考虑短路时的分断短路电流的能力,若预期短路电流较小时,可采用熔体为铜质的 RC1A 系列和熔体为锌质的 RM10 系列熔断器;若短路电流较大时,宜采用具有高分断能力的 RL6 系列螺旋式熔断器,若短路电流相当大时,宜采用具有更高分断能力的 RT12 或 RT14 系列熔断器。

(2)熔断器额定电压的选择

所选熔断器的额定电压应不低于线路的额定工作电压,但当熔断器用于直流电路时,应注意制造厂提供的直流电路数据或与制造厂协商,否则应降低电压使用。

(3)熔体额定电流的选择

一般熔断器额定电流的选择原则为:

1)用于保护照明或电热设备及一般控制电路的熔断器,所选熔体的额定电流应等于或稍大于负载的额定电流。

2)用于保护电动机的熔断器,应按电动机的起动电流倍数考虑,避开电动机起动电流的影响,一般选熔体额定电流为电动机额定电流的(1.5~3.5)倍。对于不经常起动或起动时间不长的电动机,选较小倍数;对于频繁起动的电动机选较大倍数;对于给多台电动机供电的主干线母线处的熔断器,其所选熔体额定电流可按下式计算:

$$I_{FN} \geqslant (2 \sim 2.5)I_{NM} + \sum I_N$$

式中 I_{FN} 为所选熔体额定电流 ,I_{NM} 为多台电动机中容量最大的一台电动机的额定电流,$\sum I_N$ 为其余各台电动机的额定电流之和。

(4)快速熔断器的选择

快速熔断器的选择与其接入电路的方式有关,以三相硅整流或三相晶闸管电路为例,快速熔断器接入电路的方式常见的有接入交流侧和接入整流桥臂(即与硅元件相串联)两种,如图1.15所示。

1)熔体额定电流的选择

选择熔体的额定电流时应当注意,快速熔断器熔体的额定电流是以有效值表示的,而硅整

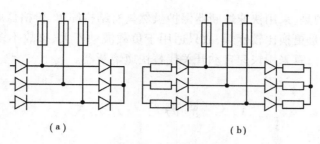

（a）　　　　　　　　　　　　　（b）

图 1.15　快速熔断器接入整流电路方式
（a）接入交流侧　（b）接入整流桥臂

流元件和晶闸管的额定电流却是用平均值表示的。

当快速熔断器接入交流侧时,所选熔体的额定电流为 I_{re}:

$$I_{re} \geqslant K_1 I_{zm}$$

式中: I_{zm} 为可能使用的最大整流电流;

K_1 为与整流电路的形式及导电情况有关的系数,若用于保护硅整流元件时, K_1 值见表 1.6;若用于保护晶闸管时, K_1 值见表 1.7。

当快速熔断器接入整流桥臂时,所选熔体的额定电流为:

$$I_{re} \geqslant 1.5 I_N$$

式中 I_N 为硅整流元件或晶闸管的额定电流(平均值)。

表 1.6　不同整流电路时的 K_1 值

整流电路的形式	单相半波	单相全波	单相桥式	三相半波	三相桥式	双星形六相
K_1	1.57	0.785	1.11	0.575	0.816	0.29

表 1.7　不同整流电路及不同导通角时的 K_1 值

K_1　导通角 电路形式	180°	150°	120°	90°	60°	30°
单相半波	1.57	1.66	1.83	2.2	2.78	3.99
单相桥式	1.11	1.17	1.33	1.57	1.97	2.82
三相桥式	0.816	0.828	0.865	1.03	1.29	1.88

2)快速熔断器额定电压的选择

快速熔断器分断电流的瞬间,最高电弧电压可达电源电压的 1.5~2 倍。因此,硅整流元件或晶闸管的反向峰值电压必须大于此电压值才能安全工作,即:

$$U_F \geqslant K_2 \sqrt{2} U_N$$

式中: U_F 为硅整流元件或晶闸管的反向峰值电压;

U_N 为所选快速熔断器额定电压;

K_2 为安全系数,其值一般为 1.5~2。

最后需要指出的是,采用快速熔断器保护虽然具有结构简单、价格低廉、维修方便等优点,但也有局限性,主要是更换比较麻烦,故只适用于负载波动不大、事故不多的场合。在负载波动大且事故多的场合,宜采用快速自动开关代替快速熔断器。

1.3 隔离器 刀开关

1.3.1 常用隔离器、刀开关

隔离器、刀开关是低压电器中结构比较简单,应用十分广泛的一类手动操作电器,其主要作用是将电路和电源明显的隔开,以保障检修人员的安全,有时也用于直接起动笼式异步电动机。

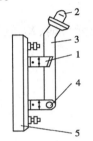

图 1.16 刀开关的结构
1—静插座 2—手柄
3—触刀 4—铰链支座
5—绝缘底板

(1) 刀开关

刀开关由手柄、触刀、静插座、铰链支座和绝缘底板等组成,依靠手动来实现触刀插入插座与脱离插座的控制。对于额定电流较小的刀开关,插座多用硬紫铜制成,依靠材料的弹性来产生接触压力;额定电流较大的刀开关,则要通过插座两侧加设弹簧片来增加接触压力。为使刀开关分断时有利于灭弧,加快分断速度,有带速断刀刃的刀开关与触刀能速断的刀开关,有时还装有灭弧罩。按刀的极数有单极、双极与三极之分。图 1.16 为刀开关的结构示意图。

刀开关的主要技术参数有额定电压、额定电流、通断能力、动稳定电流、热稳定电流等。其中动稳定电流是电路发生短路故障时,刀开关并不因短路电流产生的电动力作用而发生变形、损坏或触刀自动弹出之类的现象。这一短路电流(峰值)即为刀开关的动稳定电流,可高达额定电流的数十倍。热稳定电流是指发生短路故障时,刀开关在一定时间(通常为 1s)内通过某一短路电流,并不会因温度急剧升高而发生熔焊现象,这一最大短路电流,称为刀开关的热稳定电流。热稳定电流也可以高达额定电流的数十倍。

目前常用的刀开关产品有两大类。一类是带杠杆操作机构的单投或双投刀开关。这种刀开关能切断额定电流值以下的负载电流,主要用于低压配电装置中的开关板或动力箱等产品。属于这一类的产品有 HD12、HD13 和 HD14 系列单投刀开关,以及 HS12、HS13 系列双投刀开关。另外一类是中央手柄式的单投或双投刀开关。这类刀开关不能分断电流,只能作为隔离电源用的隔离器,主要用于一般的控制屏。属于这一类的产品主要有 HD11 和 HS11 系列单投和双投刀开关。

(2) 开起式负荷开关

开起式负荷开关俗称瓷底胶壳刀开关,是一种结构简单、应用最广泛的手动电器,常用作交流额定电压 380/220V,额定电流至 100A 的照明配电线路的电源开关和小容量电动机非频繁起动的操作开关。

胶壳开关由操作手柄、熔断丝、触刀、触头座和底座组成,如图 1.17 所示。与刀开关相比,负荷开关增设了熔断丝与防护胶壳两部分。防护胶壳的作用是防止操作时电弧飞出灼伤操作人员,并防止极间电弧造成电源短路,因此操作前一定要将胶壳安装好。熔断丝主要起短路和严重过电流保护作用。开起式负荷开关的常用产品有 HK1 和 HK2 系列。表 1.8 为 HK2 系列开起式负荷开关的基本技术数据。

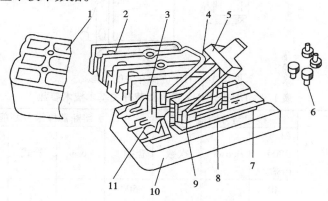

图 1.17 HK 系列开起式负荷开关结构示意图

1—上胶盖 2—下胶盖 3—触刀座 4—触刀 5—瓷柄 6—胶盖紧固螺帽
7—出线端子 8—熔丝 9—触刀铰链 10—瓷底座 11—进线端子

表 1.8 HK2 系列开起式负荷开关基本技术数据

额定电压/V	额定电流/A	极数	熔体极限分断能力/A	控制电动机功率/kW	机械寿命/次	电气寿命/次
250	10	2	500	1.1	10 000	2 000
	15		500	1.5		
	30		1 000	3.0		
380	15	3	500	2.2	10 000	2 000
	30		1 000	4.0		
	60		1 000	5.5		

(3)封闭式负荷开关

封闭式负荷开关,俗称铁壳开关,一般在电力排灌、电热器、电气照明线路的配电设备中,作为手动不频繁地接通与分断负荷电路用。其中容量较小者(额定电流为 60A 及以下的),还可用做交流异步电动机非频繁全压起动的控制开关。

封闭式负荷开关主要由触头和灭弧系统、熔体及操作机构等组成,并将其装于一防护铁壳内。其操作机构有两个特点:一是采用储能合闸方式,即利用一根弹簧以执行合闸和分闸之功能,使开关的闭合和分断速度与操作速度无关。它既有助于改善开关的动作性能和灭弧性能,又能防止触头停滞在中间位置;二是设有联锁装置,以保证开关合闸后便不能打开箱盖,而在箱盖打开后,不能再合开关。封闭式负荷开关的外形如图 1.18 所示。

封闭式负荷开关的常用产品有 HH3、HH4、HH10、HH11 等系列,其最大额定电流可达 400A,有二极和三极两种形式。表 1.9 为 HH10 和 HH11 系列封闭式负荷开关的基本技术参数。

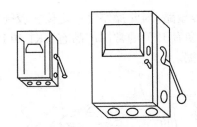

图 1.18　HH 负荷开关的外形

表 1.9　HH10,HH11 系列负荷开关基本技术参数

| 型号 | 额定电流/A | 接通与分断能力 | | | 熔断器极限分断能力/A | | | | |
		(1.1×380)V 电流/A	cosφ	次数	瓷插式	cosφ	管式	cosφ	次数
HH10	10	40			500				
	20	80			1 500				
	30	120	0.4	10	2 000	0.8	50 000	0.35	3
	60	240			4 000				
	100	250			4 000				
HH11	100	300							
	200	600	0.8	3			50 000	0.25	3
	300	900							
	400	1 200							

（4）组合开关

组合开关也是一种刀开关,不过它的刀片是转动式的,操作比较轻巧。它的动触头（刀片）和静触头装在封闭的绝缘件内,采用叠装式结构,其层数由动触头数量决定。动触头装在操作手柄的转轴上随转轴旋转而改变各对触头的通断状态,如图 1.19 和 1.20 所示。由于采用了扭簧储能,可使开关快速接通和分断电路而与手柄旋转速度无关,因此它不仅可用作不频繁地接通与分断电路、转接电源和负载、测量三相电压,还可用于控制小容量异步电动机的正反转和星形-三角形降压起动。

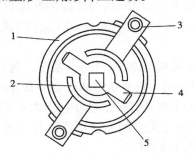

图 1.19　组合开关的触头系统

1—触头座　2—隔地板　3—静触头

4—动触头　5—转轴

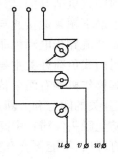

图 1.20　组合开关的动作示意图

组合开关有单级、双级和多级之分,其主要技术参数有额定电流、额定电压、允许操作频率、可控制电动机最大功率等。常用产品有 HZ5、HZ15 系列。表 1.10 为 HZ15 系列组合开关的主要技术参数。

表 1.10　HZ15 系列组合开关主要技术参数

额定工作电压/V			AC380		DC220
额定工作电流/A			10	25	63
接通分断能力/A	交流 420V $\cos\phi = 0.65$	配电用	30	75	190
		控制电动机用	接通 30	55	
			分断 24	44	
			控制小于 1.1kW 电动机 $I_N = 3A$	控制小于 2.2kW 电动机 $I_N = 5.5A$	
	直流 242V $L/R = 1$ ms		15	38	95
使　用　类　别			AC—20,AC—21 AC—22, AC—3,DC—20,DC—21		
极　　　数			单,二,三,四		

(5)熔断器式隔离器

熔断器式隔离器是一种新型电器,有多种结构形式,一般多采用有填料熔断器和刀开关组合而成,广泛应用于开关柜或与终端电器配套的电器装置中,作为线路或用电设备的电源隔离开关及严重过载和短路保护之用。在回路正常供电的情况下接通和切断电源由刀开关来承担,当线路或用电设备过载或短路时,熔断器的熔体熔断,及时切断故障电流。常用熔断器式隔离器产品主要有 HG13、HD17 和 HD18 等几个系列。HG13 系列为旋转操作型,HD17 系列有手柄和杠杆操作两种,两系列产品的最大额定电流均为 1 600A。HD18 系列为换代产品,采用组合式结构,有人力操作(手柄)和动力操作两种,最大额定电流 4 000A。熔断器式刀开关主要有 HR3、HR5 和 HR11 系列。HR3 系列由 RT 系列熔断器和刀开关组成,带操作机构,有前操作前维修、前操作后维修和侧操作前维修等几种结构布置形式,最大额定电流 1 000A。HR5 系列为更新设计产品,采用 NT 系列熔断器,带弹簧储能机构,有断相保护功能,最大额定电流 630A。HR11 系列配用 RT15 型熔断器,弹簧储能式操作机构,单杆抽拉式手柄,最大额定电流 4 000A。表 1.11 为 HD17 系列隔离器的基本技术数据。

1.3.2　隔离器、刀开关的选用原则

隔离器、刀开关的主要功能是隔离电源。在满足隔离功能要求的前提下,选用的主要原则是保证其额定绝缘电压和额定工作电压不低于线路的相应数据,额定工作电流不小于线路的计算电流。当要求有通断能力时,须选用具备相应额定通断能力的隔离器。用负荷开关直接控制电动机等感性负载时,应考虑其接通和分断过程中的电流特性(如起动电流、起动时间等),将负荷开关降低容量使用。

隔离器、刀开关在按上述原则选择后,均需进行短路性能校验,以保证其具体安装位置上

的预期短路电流不超过电器的额定短时耐受电流(当电路中有短路保护电器时可为额定极限短路电流)。

表 1.11　HD17 系列隔离器基本技术数据

型号	额定电流/A	额定短时耐受电流		配用的 NT 型熔断器		
		/kA	cosφ	型号	额定电流/A	分断能力/kA
HD17—200/3108 HD17—200/3318 HD17—200/3418	200	10	0.5	NT1	200	50
HD17—400/3108 HD17—400/3318 HD17—400/3418	400	20	0.3	NT2	400	50
HD17—630/3108 HD17—630/3318 HD17—630/3418	630	20	0.3	NT3	630	50
HD17—1000/3108 HD17—1000/3318	1 000	25	0.25	NT3	630	50
HD17—1600/3318	1 600	32	0.25	NT3	630	50

熔断器组合电器的选用,需在上述隔离器、刀开关的选用要求之外,再考虑熔断器的特点(参见熔断器的选用原则)。

熔断器式刀开关有较高极限分断能力,主要用于相应级别的配电屏及动力箱。一般用途负荷开关的额定电流不超过 200A,通断能力为 4 倍额定电流,可用做工矿企业的配电设备,供手动不频繁操作,或作为线路末端的短路保护。高分断能力负荷开关的额定电流可达 400A,极限分断能力可达 50kA,适用于短路电流较大的场合。

1.4　低压断路器

低压断路器俗称自动空气开关,是低压配电网中的主要电器开关之一,它不仅可以接通和分断正常负载电流、电动机工作电流和过载电流,而且可以接通和分断短路电流。主要用在不频繁操作的低压配电线路或开关柜(箱)中作为电源开关使用,并对线路、电器设备及电动机等实行保护,当它们发生严重过电流、过载、短路、断相、漏电等故障时,能自动切断线路,起到保护作用,应用十分广泛。较高性能型万能式断路器带有三段式保护特性,并具有选择性保护功能。高性能万能式断路器带有各种保护功能脱扣器,包括智能化脱扣器,可实现计算机网络通信。低压断路器具有的多种功能,是以脱扣器或附件的形式实现的,根据用途不同,断路器可配备不同的脱扣器或继电器。脱扣器是断路器本身的一个组成部分,而继电器(包括热敏电阻保护单元)则通过与断路器操作机构相连的欠电压脱扣器或分励脱扣器的动作控制断路器。

1.4.1　低压断路器的结构及工作原理

低压断路器按结构形式分有万能框架、塑料外壳式和模块式三种。低压断路器主要由触头和灭弧装置,各种可供选择的脱扣器与操作机构,自由脱扣机构三部分组成。各种脱扣器包括过流、欠压(失压)脱扣器和热脱扣器等。

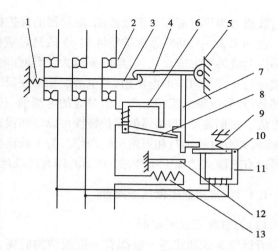

图 1.21 为低压断路器的结构示意图。图中断路器处于闭合状态,3 个主触点通过传动杆与锁扣保持闭合,锁扣可绕轴转动。当电路正常运行时,电磁脱扣器的电磁线圈虽然串接在电路中,但所产生的电磁吸力不能使衔铁动作,只有当电路达到动作电流时,衔铁才被迅速吸合,同时撞击杠杆,使锁扣脱扣,主触点被弹簧迅速拉开将主电路分断。一般电磁脱扣器,是瞬时动作的。图中尚有双金属片制成的热脱扣器,用于过载保护,过载达到一定倍数并经过一段时间,热脱扣器动作使主触点断开主电路。热脱扣

图 1.21　低压断路器结构示意图

1—弹簧　2—主触点　3—传动杆　4—锁扣　5—轴 6—电磁脱扣器　7—杠杆　8—衔铁　9—弹簧　10— 衔铁　11—欠压脱扣器　12—双金属片　13—发热元件

器是反时限动作的。电磁脱扣器和热脱扣器合称复式脱扣器。图中欠电压脱扣器在正常运行时衔铁吸合,当电源电压降低到额定电压的 40% ~75% 时,吸力减小,衔铁被弹簧拉开,并撞击杠杆,使锁扣脱扣,实行欠压(失压)保护。

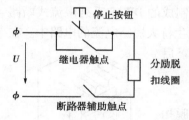

图 1.22　分励脱扣器电路

除此之外,尚有实现远距离控制使之断开的分励脱扣器,其电路如图 1.22 所示。在低压断路器正常工作时,分励脱扣线圈不通电,衔铁处于打开位置。当要实现远距离操作时,可按下停止按钮或在保护继电器动作时,使分励脱扣线圈通电,其衔铁动作,使低压断路器断开。电路中串联的低压断路器常开辅助触点,是使分励脱扣线圈断电时用的。

必须指出的是,并非每种类型的断路器都具有上述各种脱扣器,根据断路器使用场合和本身体积所限,有的断路器具有分励、失压和过电流三种脱扣器,而有的断路器只具有过电流和过载两种脱扣器。

低压断路器的主要技术参数有额定电压、额定电流、通断能力、分断时间等。其中,通断能力是指断路器在规定的电压、频率以及规定的线路参数(交流电路为功率因数,直流电路为时间常数)下,所能接通和分断的短路电流值。分断时间是指切断故障电流所需的时间,它包括固有断开时间和燃弧时间。另外,断路器的动作时间与过载和过电流脱扣器的动作电流的关系称为断路器的保护特性,如图 1.23 所示。

为了能起到良好的保护作用,断路器的保护特性应同保护对象的允许发热特性匹配,即断路器保护特性 2 应位于保护对象的允许发热特性 1 之下,只有这样,保护对象方能不因受到不能允许的短路电流而损坏。为了充分利用电器设备

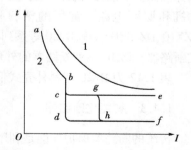

图 1.23　低压断路器的保护特性

1—保护对象的发热特性
2—低压断路器的保护特性

的过载能力和尽可能缩小事故范围,断路器的保护特性必须具有选择性,即它应当是分段的。

在图 1.23 中,断路器保护特性的 *ab* 段是过载保护部分,它是反时限的,即动作时间的长短与动作电流的平方成反比,过载电流越大,则动作时间越短。*df* 段是瞬时动作部分,只要故障电流超过与 *d* 点相对应的电流值,过电流脱扣器便瞬时动作,切除故障电流。*ce* 段是定时限延时动作部分,只要故障电流超过与 *c* 相对应的电流值,过电流脱扣器经过一定的延时后动作,切除故障电流。根据需要,断路器的保护特性可以是两段式,如 *abdf*,即有过载延时和短路瞬时动作,或如 *abce*,即有过载延时和短路延时动作。为了获得更完善的选择性和上下级开关间的协调配合,还可以有三段式的保护特性,如 *abcghf*,即有过载延时、短路短延时和特大短路的瞬时动作。

1.4.2　常用典型低压断路器

(1)万能框架式断路器

万能框架式断路器一般都有一框架结构底座,所有的组件均进行绝缘后安装于此底座中。

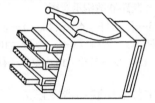

这种断路器一般有较高的短路分段能力和动稳定性,多用做电路的主保护开关。我国自行设计并生产的典型框架式断路器为 DW15 系列,其额定电压为交流 380V,额定电流为 200 ~ 400A,极限分析能力比已趋淘汰的老产品 DW10 系列大一倍,它分选择型和非选择型(无短路短延时)两种产品,选择型(具有过载延时、短路短延时和短路瞬时三段保护特性)的采用半导体脱扣器。DW15 系列断路器的外形如图 1.24 所示。

图 1.24　DW15 系列断路器外形图

在 DW15 系列断路器的结构基础上,适当改变触点的结构而制成的 DW15 系列限流式断路器,具有快速断开和限制短路电流上升的特点,特别适用于可能发生特大短路电流的电路中。在正常情况下,它也可作为电路的不频繁通断及电动机的不频繁启动用。

(2)塑料外壳式断路器

塑料外壳式断路器有一绝缘塑料外壳,触点系统、灭弧室及脱扣器等均安装于塑料外壳内,而手动搬把露在正面壳外中央处,可手动或电动分合闸。它也有较高的分断能力和动稳定性以及比较完善的选择性保护功能,广泛用于配电线路,也可用于控制不频繁起动的电动机和照明电路。常用的塑料外壳式低压断路器有 DZ5、DZ10、DZX10、DZ15、DZX19、DZ20 等系列,其中 DZX10 和 DZX19 系列为限流式断路器。DZ10 系列断路器的外形如图 1.25 所示。

图 1.25　DZ10 系列断路器外形图

表 1.12 为 DZ20 塑料外壳式低压断路器主要技术数据。

1.4.3　智能化断路器

传统的断路器保护功能是利用热磁效应原理,通过机械系统的动作来实现的。智能化断路器的特征则是采用了以微处理器或单片机为核心的智能控制器(智能脱扣器),它不仅具备普通断路器的各种保护功能,同时还具备定时显示电路中的各种电器参数(电流、电压、功率、功率因数等),对电路进行在线监视、自行调节、测量、试验、自诊断、可通信等功能,还能够对各种保护功能的动作参数进行显示、设定和修改,保护电路动作时的故障参数能够存储在非易失存储器中以便查询。智能化断路器原理框图如图1.26所示。

表1.12　DZ20塑料外壳式低压断路器主要技术数据

型号	额定电压/V	壳架等级额定电流/A	断路器额定电流/A	脱扣器形式或长延时脱扣器电流整定范围	瞬时脱扣器电流整定值	备注
DZ20Y—100 DZ20J—100 DZ20G—100	交流380 直流200	100	16,20,32,40,50,63,80,100	电磁脱扣器 复式脱扣器 分励脱扣器额定控制电源电压 交流220V 交流380V 直流110V 直流220V 欠电压脱扣器额定工作电压 交流220V,380V 电动机操作机构额定控制电压:交流220V,380V 直流220V	配用$10I_N$保护电动机用$12I_N$	Y为一般型,J为高分断能力型,G为高分断能力型
DZ20Y—200 DZ20J—200 DZ20G—200		200	100,125,160,180,200,225		配用$5I_N$,$10I_N$保护电动机用$8I_N$,$12I_N$	
DZ20Y—400 DZ20J—400 DZ20G—400		400	200,250,315,350,400		配用$5I_N$,$10I_N$电动机用$12I_N$	
DZ20Y—630 DZ20J—630		630	500,630		配用$5I_N$,$10I_N$	
DZ20G—1250		1 250	630,700,800,1 000,1 250		配用$4I_N$,$7I_N$	

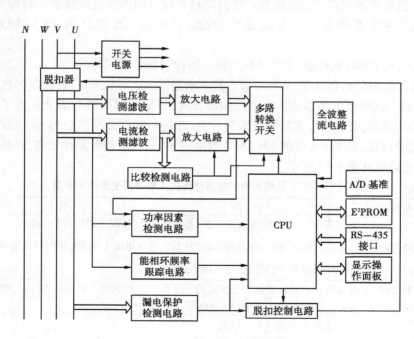

图1.26　智能化断路器原理框图

下面简要介绍两种智能化断路器:

(1)DW45型智能化断路器

DW45型智能化断路器是框架式断路器,它由本体和抽屉座组成,抽屉座两侧有导轨,导轨上有活动的导板(抽出手柄),断路器本体架落在左右导板上。整体为立体分隔式布置,触头系统封闭在绝缘底座与底板之间,每组触头都被隔开,形成一个个小室,而智能脱扣器、操作机构、电动储能机构依次排在其前面形成各自独立的单元,可以分别拆装。

断路器是通过本体上的母线插入抽屉底座上的桥式触头来连接主回路的。摇动抽屉底座下部横梁上的手柄,可实现断路器的三个工作位置(手柄旁有位置指示:"连接"位置,主回路和二次回路均接通;"试验"位置,主回路断开,并有绝缘板隔开,仅二次回路接通,可进行必要的动作试验;"分离"位置,主回路与二次回路全部断开)。抽屉座与断路器间有机械联锁装置,只有在连接位置和试验位置断路器才闭合,而在连接和试验的中间位置不能闭合。触头系统被安装在具有分隔结构的由绝缘材料构成的小室内,其上方是灭弧室。动触头通过连杆与绝缘底座外的主轴连接,从而完成闭合、分断的任务。每相触头系统为了降低电动斥力及提高接触可能性,采用多挡触头并联形式,多挡触头安装在一个触头支柱上。触头接触片的一端用软连接与母排连接。断路器在闭合时,主轴带动连杆使触头支持绕支点逆时针转动,当动触头与静触头接触后绕支点顺时针转动并压缩弹簧,从而产生一定的触头压力,确保断路器可靠闭合。

断路器操作方式有手动和电动两种,断路器采用弹簧储能闭合,是利用凸轮压缩一组弹簧达到储能目的,并具有自由脱扣功能。

断路器的智能脱扣器由脱扣器本体及附件组成,脱扣器本体由底座和壳体组成。

(2)CM1E 系列和 CM1Z 系列智能化断路器

CM1E 系列和 CM1Z 系列智能化断路器是国内生产厂商用 CAD/CAM/CAE 技术研制、开发的具有国际先进水平的塑料外壳断路器。它们均具有较精确的三段式保护和报警功能,各种控制参数可调。CM1Z 系列还具有参数显示功能。其额定工作电压为 400V,额定工作电流为 800A。

CM1E 系列采用单片机控制,以单片机为核心的控制板装在壳体内的下部,它对通过互感器采集的信息进行数据分析和处理,从而指挥和控制断路器的运行状态,各种控制参数可调。

CM1Z 系列采用外置的多功能智能型控制器方式,智能控制器核心部分采用了微处理器技术并具有通信功能,它通过穿心式互感器采集信息,并进行数据分析和处理,从而控制断路器的运行参数,智能控制器采用了先进的 SMT 贴片制造技术,其质量和可靠性较高,并具有较强的抗干扰功能,技术数据见表 1.13 所示。

表 1.13　CM1Z 系列智能化塑料外壳式短断路器主要技术参数

序号	技术性能	内　　　容
1	三段保护	①过载保护,长延时反时限保护,整定电流 I_{r1} 可调,延时时间 t_1 可调 ②短路短延时保护,短延时反时限保护,整定电流 I_{r2} 可调,延时时间 t_2 可调。 ③短路瞬时保护,短路整定电流 I_3 可调
2	不平衡脱扣断开	电动机保护用断路器当三相电流不平衡度达到30%(允差 ±5%)时,断路器应自动断开。延时时间可调节(5~800s)
3	显示功能 (数码管显示)	①电流显示功能 I_u,I_v,I_w,I_N ②电压显示功能 U_{uv},U_{vw},U_{wu} ③功率显示功能 $\cos\phi$ ④整定值显示功能 ⑤故障显示功能,剩余电流,过压,欠压,缺相,长延时,短延时,瞬动

续表

序号	技术性能	内　　　　　　容			
4	过载报警	当断路器出现过载而还未脱扣时,智能控制器发出报警信号,即相应故障指示灯闪烁			
5	热模拟功能	脱扣器具有模拟热双金属片特性的热模拟功能			
6	自诊断功能	当计算机发生故障时,脱扣器应立即发出报警信号			
7	整定功能	通过功能切换和选择,可调整参数 I_{r1},I_{r2},I_{r3},t_1,t_2			
8	试验功能	过电流保护试验			

额定工作电压 U_e/V	AC 50Hz　　400
额定绝缘电压 U_i/V	AC 50Hz　　800
工频耐受电压 U	AC 50Hz　　3 000V/min
中性极 I_N/A	50% I_N　　100% I_N

额定极限短路分断能力 I_{cu}/kA (有效值)			CM1Z—100		CM1Z—225		CM1Z—400		CM1Z—800	
	分断级别		M	H	M	H	M	H	M	H
	额定电流 I_N/A		10~32,32~100		100~225		200~400		400~800	
	极数		3	4	3	4	3	4	3	4
	AC	400V	50	85	50	85	65	100	75	100

额定运行短路分断能力 I_{cs}/kA (有效值)	AC	400V	35	50	35	50	42	65	50	65

额定短时耐受电流 (I_s) I_{cw}/kA (有效值)	AC	400V					5		10	

飞弧距离/mm	≥50		≥100	

操作性能	电气寿命	AC 400V	6 500	2 000	1 000	500
	机械寿命	AC 400V	8 500	7 000	4 000	2 500

1.4.4　低压断路器的选用原则

低压断路器的选用,应根据具体使用的条件选择使用类别、额定工作电压、额定工作电流、脱扣器整定电流和分励、欠压脱扣器的电压电流等参数,参照产品样本提供的保护特性曲线选用保护特性,并需对短路特性和灵敏系数进行校验。当与另外的断路器或其他保护电器之间有配合要求时,应选用选择型断路器。作为例子,给出两种 DZ20 型断路器保护特性曲线供参考,如图 1.27 所示。

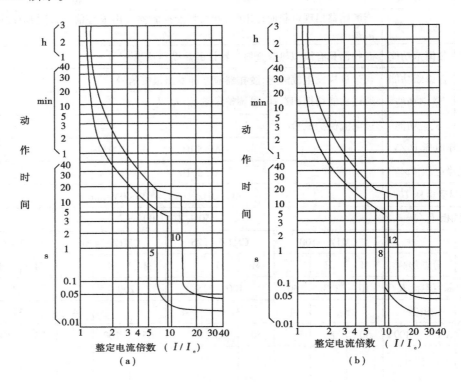

图 1.27　DZ20 系列断路器动作曲线

(a)DZ20J $\frac{Y}{G}$ -200 型(配电用)　(b)DZ20J $\frac{Y}{G}$ -200 型(保护电机用)

(1)额定工作电压和额定电流

低压断路器的额定工作电压 U_e 和额定电流 I_e 应分别不低于线路、设备的正常额定工作电压和工作电流或计算电流。断路器的额定工作电压与通断能力及使用类别有关,同一台断路器产品可以有几个额定工作电压和相对应的通断能力及使用类别。

(2)长延时脱扣器整定电流 I_{r1}

所选断路器的长延时脱扣器整定电流 I_{r1} 应大于或等于线路的计算负载电流,可按计算负载电流的 $1 \sim 1.1$ 倍确定;同时应不大于线路导体长期允许电流的 $0.8 \sim 1$ 倍。

(3)瞬时或短延时脱扣器的整定电流 I_{r2}

所选断路器的瞬时或短延时脱扣器整定电流 I_{r2} 应大于线路尖峰电流。配电断路器可按不低于尖峰电流 1.35 倍的原则确定,电动机保护电路当动作时间大于 0.02s 时可按不低于 1.35 倍起动电流的原则确定,如果动作时间小于 0.02s,则应增加为不低于起动电流的 $1.7 \sim 2$ 倍。这些系数是考虑到整定误差和电动机起动电流可能变化等因素而加的。

(4)短路通断能力和短时耐受能力校验

低压断路器的额定短路分断能力和额定短路接通能力应不低于其安装位置上的预期短路电流。当动作时间大于 0.02s 时,可不考虑短路电流的非周期分量,即把短路电流周期分量有

24

效值作为最大短路电流；当动作时间小于 0.02s 时，应考虑非周期分量，即把短路电流第一周期内的全电流作为最大短路电流。如校验结果说明断路器通断能力不够，应采取如下措施：

①在断路器的电源侧增设其他保护电器（如熔断器）作为后备保护。

②采用限流型断路器，可按制造厂提供的允通电流特性或限流系数（即实际分断电流峰值和预期短路电流峰值之比）选择相应产品。

③改选较大容量的断路器。各种短路保护断路器必须能在闭合位置上承载未受限制的短路电流瞬态值，还须能在规定的延时范围内承载短路电流。这种短时承载的短路电流值应不超过断路器的额定短时耐受能力，否则也应采取相应的措施或改变断路器的规格。断路器产品样本中一般都给出产品的额定峰值耐受电流和额定短时耐受电流（I_s 电流）。当为交流电流时，短时耐受电流应以未受限制的短路电流周期分量的有效值为准。

（5）灵敏系数校验

所选的断路器还应按短路电流进行灵敏系数校验。灵敏系数即线路中最小短路电流（一般取电动机接线端或配电线路末端的两相或单相短路电流）和断路器瞬时或延时脱扣器整定电流之比。两相短路时的灵敏系数应不小于 2，单相短路时的灵敏系数对于 DZ 型断路器可取 1.5，对于其他型断路器可取 2。如果经校验灵敏系数达不到上述要求，除调整整定电流外，也可利用延时脱扣器作为后备保护。

（6）分励和欠电压脱扣器的参数确定

分励和欠电压脱扣器的额定电压应等于线路额定电压，电源类别（交、直流）应按控制线路情况确定。国标规定的额定控制电源电压系列为直流（24V）、（48V）、110V、125V、220V、250V；交流（24V）、（36V）、（48V）、110V、127V、220V，括号中的数据不推荐采用。

1.5 接 触 器

接触器是一种用于频繁地接通或断开交直流主电路、大容量控制电路等大电流电路的自动切换电器。在功能上接触器除能自动切换外，还具有手动开关所缺乏的远距离操作功能和失压（或欠压）保护功能，但没有低压断路器所具有的过载和短路保护功能。接触器具有操作频率高、使用寿命长、工作可靠、性能稳定、成本低廉、维修简便等优点，主要用于控制电动机、电热设备、电焊机、电容器组等，是电力拖动自动控制线路中应用最广泛的控制电器之一。

接触器按驱动触头系统的动力不同分为电磁接触器、气动接触器、液压接触器等。新型的真空接触器与晶闸管交流接触器正在逐步使用。本节仅讨论应用最为广泛的电磁接触器。

1.5.1 接触器的结构及工作原理

电磁式接触器的结构包括电磁机构、主触头及灭弧系统、辅助触头、反力装置、支架和底座几部分。按主触头控制电流的性质不同可分为直流接触器和交流接触器。电磁机构由线圈、铁心和衔铁组成。主触头根据其容量大小，有桥式触头和指形触头之分，直流接触器和电流 20A 以上的交流接触器均装有灭弧罩，有的还带有栅片或磁吹灭弧装置。辅助触头有常开和常闭之分，均为桥式双断口结构。辅助触头的容量较小，主要用在控制电路中起联锁作用，且不设灭弧装置，因此不能用来分合主电路。反力装置由释放弹簧和触点弹簧组成。支架和底座用于接触器的固定和安装。

接触器电磁机构的线圈通电后,在铁心中产生磁通,在衔铁气隙处产生吸力,使衔铁产生闭合动作,主触头在衔铁的带动下也闭合,于是接通了电路。与此同时,衔铁还带动辅助触头动作,使常开触头闭合,使常闭触头打开。当线圈断电或电压显著降低时,吸力消失或减弱,衔铁在释放弹簧作用下打开,主、辅触头又恢复到原来状态。这就是电磁接触器的简单工作原理。

接触器的主要技术数据有额定电压、额定电流、线圈额定电压、额定操作频率接通与分断能力、电气寿命和机械寿命、线圈的起动功率与吸持功率等。其中,额定电压和额定电流是指主触头的额定电压和额定电流,额定操作频率是指每小时的操作次数,接通与分析能力是指主触头在规定条件下能可靠地接通和分断的电流值,在此电流值下,接通时主触头不应发生熔焊,分断时主触头不应发生长时间燃弧。

1.5.2 常用典型接触器

(1) CJ10 系列交流接触器

CJ10 系列是应用最广泛的一个系列,用于交流 500V 及其以下电压等级。全系列有 5A、10A、20A、40A、60A、100A 及 150A 七个等级。其中 40A 及其以下各等级的电磁机构采用 E 形直动式,60A 及其以上各等级的电磁机构采用 E 形转动式。主、辅触头均采用桥式触头。该系列接触器的结构特征是:40A 及其以下各等级采用立体布置方式,上部是主触头和灭弧系统以及辅助触头组件,下部是电磁机构,主、辅触头由衔铁直接带动做直线运动;60A 及其以上各等级采用平面布置方式,电磁机构居右,主触头及灭弧系统居左,衔铁经转轴借助杠杆与主触头相连,当衔铁转动时经过杠杆的传动使主触头实现直线运动,与此同时,也带动辅助触头动作。表 1.14 为 CJ10 系列交流接触器的主要技术数据。

表 1.14 CJ10 系列交流接触器技术数据

型号	额定电压值 U_N/V	额定电流值 I_N/A	可控制电动机最大功率值 P_{max}/kW			最大操作频率 /(次·h^{-1})	线圈消耗功率值 /VA·W^{-1}		机械寿命 /万次	电寿命 /万次	动作时间 /ms	
			220V	380V	500V		起动	吸持			起动	释放
CJ10—5	380 500	5	1.2	2.2	2.2	600	35/—	6/2	300	60	—	—
CJ10—10		10	2.2	4	4		65/—	11/5			17	21
CJ10—20		20	5.5	10	10		140/—	22/9			16	18
CJ10—40		40	11	20	20		230/—	32/12			23	22
CJ10—60		60	17	30	30		485/—	95/26			65	40
CJ10—100		100	30	50	50		760/—	105/27			66	35
CJ10—150		150	43	75	75		950/—	110/28			75	38

(2) CJ20 系列交流接触器

CJ20 系列交流接触器是全国统一设计的新型接触器,结构形式为直动式、立体布置、双断口结构,采用压铸铝底座,并以增强耐弧塑料底板和高强度陶瓷灭弧罩组成三段式结构。该系列接触器结构紧凑,便于检修和更换线圈。触头系统的动触桥为船形结构,具有较高的强度和较大的热容量,静触头选用型材制成并配有铁质引弧角。其磁系统采用双线圈的 U 形铁心,气隙在静铁心底部中间位置,使释放可靠。灭弧罩有栅片式与纵缝式两种。辅助触头在主触头两侧,并用无色透明聚碳酸酯做成封闭式结构,辅助触头的组合有 2 常开 2 常闭、4 常开 2 常闭,也可根据需要变换成 3 常开 3 常闭或 2 常开 4 常闭。表 1.15 为 CJ20 系列交流接触器的主要技术数据。

表 1.15 CJ20 系列交流接触器的主要技术数据

型号	额定电压/V	额定电流/A	可控制电动机最大功率/kW	$1.1U_N$ 及 $cos\phi = 0.35 \pm 0.05$ 时的接通能力/A	$1.1U_N$, $f \pm 10\%$ 时的分断能力/A	操作频率/次·h^{-1}	
						AC-3	AC-4
CJ20—40	380	40	22	40×12	40×10	1 200	300
CJ20—40	660	25	22	25×12	25×10	600	120
CJ20—63	380	63	30	63×12	63×10	1 200	300
CJ20—63	660	40	35	40×12	40×10	600	120
CJ20—160	380	160	85	160×12	160×10	1 200	300
CJ20—160	660	100	85	100×12	100×10	600	120
CJ20—160/11	1 140	80	85	80×12	80×10	500	60
CJ20—250	380	250	132	250×10	250×8	600	120
CJ20—250/06	660	200	190	200×10	200×8	300	60
CJ20—630	380	630	300	630×8	630×8	600	120
CJ20—630/11	660	400	350	400×8	400×8	300	60
CJ20–630/11	1 140	400	400	400×8	400×8	120	30

型号	电寿命/万次		机械寿命/万次	吸引线圈				
	AC—3	AC—4		额定电压/V	吸合电压	释放电压	起动功率/VA·W^{-1}	吸合功率/VA·W^{-1}
CJ20—40	100	4	1 000		$0.85 \sim 1.1 U_N$	$0.75U_N$	175/82.3	19/5.7
CJ20—40								
CJ20—63		8	1 000 (600)	36,127 200 380	$0.8 \sim 1.1 U_N$	$0.7U_N$	480/153	57/16.5
CJ20—63	200(120)							
CJ2—160							855/325	85.5/34
CJ2—160		1.5						
CJ20—160/11								
CJ2—250								
CJ2—630								
CJ20—630/11								
CJ20—630/11	0.5	120 (60)	1	600(300)	127 220 380	$0.85 \sim 1.1 U_N$	$0.75U_N$	1 710/565	152/65
3 578/790								
250/118								
250/06								

（3）CZ0 系列直流接触器

CZ0 系列直流接触器,从结构上来看,150A 及其以下电流等级的为立体布置的整体式结构,250A 及其以上电流等级的为平面布置的整体式结构,它们均采用 U 形转动式的电磁机构,且铁心和衔铁均采用电工软铁制成。立体布置整体式结构接触器的主触点为桥式结构,在铜质的动触点上镶上纯银块,动触点做直线运动。主触点的灭弧装置由串联磁吹线圈和横隔板式陶土灭弧罩组成,100A 及 150A 两个电流等级产品的灭弧罩还装有灭弧栅片,以防电弧喷出。平面布置整体式结构接触器的主触点为指形触点,灭弧装置由串联磁吹线圈和双窄缝的纸隔板陶土灭弧罩构成。上述两种结构形式接触器的辅助触点均制成组件,由透明罩盖着以防尘。CZ0 系列直流接触器的基本技术数据如表 1.16 所示。

表 1.16 CZ0 系列直流接触器的基本技术数据

型号	额定电压值 U/V	额定电流值 I/A	额定操作频率 /次·h^{-1}	主触点极数 动合	主触点极数 动断	最大分断电流值 I/A	辅助触点形式及数目 动合	辅助触点形式及数目 动断	吸引线圈电压值 U/V	吸引线圈消耗功率值 P/W
CZ0—40/20		40	1 200	2	—	160	2	2		22
CZ0—40/02		40	600	—	2	100	2	2		24
CZ0—100/10		100	1 200	1	—	400	2	2		24
CZ0—100/01		100	600	—	1	250	2	1	24,48,	24
CZ0—100/20		100	1 200	2	—	400	2	2	110,220	30
CZ0—150/10		150	1 200	1	—	600	2	2		30
CZ0—150/01	440	150	600	—	1	375	2	1		25
CZ0—150/20		150	1 200	2	—	600	2	2		40
CZ0—250/10		250	600	1	—	1 000	5（其中 1			31
CZ0—250/20		250	600	2	—	1 000	对动合,另			40
CZ0—400/10		400	600	1	—	1 600	4 对可任意			28
CZ0—400/20		400	600	2	—	1 600	组合成动合			43
CZ0—600/10		600	600	1	—	2 400	或动断）			50

（4）CZ18 系列直流接触器

CZ18 系列直流接触器是取代 CZ0 系列新的产品,其主要技术数据如表 1.17 所示。

表 1.17 CZ18 系列直流接触器主要技术数据

额定工作电压/V		440				
额定工作电流/A		40（20,10,5）	80	160	315	630
主触点通断能力		$1.1U_N$ $4I_N$ $T=15ms$				
额定操作频率/次·h^{-1}		1 200		600		
电气寿命（DC-2）/万次		50		30		
机械寿命/万次		500		300		
辅助触点	组合情况	常闭 常开				
	额定发热电流/A	6		10		
	电气寿命/万次	50			10	
吸合电压		（85% ~110%）U_N				
释放电压		（10% ~75%）U_N				

除上述典型接触器外,还有 CKJ 系列交流真空接触器、CJX_1 系列和 CJX_2 系列小容量交流接触器以及引进法国 TE 公司技术生产的 LC1-D 系列、LC2-D 系列交流接触器和引进德国西门子公司技术生产的 B 系列交流接触器等产品。

1.5.3　智能化接触器

智能化接触器的主要特征是装有智能化电磁系统,并具有与数据总线及与其他设备之间互相通信的功能,其本身还具有对运行工况自动识别、控制和执行的能力。

智能化接触器一般由基本系列的电磁接触器及附件构成。附件包括智能控制模块、辅助触头组、机械联锁机构、报警模块、测量显示模块、通信接口模块等,所有智能化功能都集成在一块以微处理器或单片机为核心的控制板上。从外形机构上看,与传统产品不同的是智能化接触器在出线端位置增加了一块带中央处理器及测量线圈的机电一体化的线路板。

（1）智能化电磁系统

智能化接触器的核心是具有智能化控制的电磁系统,对接触器的电磁系统进行动态控制。由接触器的工作原理可见,其工作过程可分为吸合过程、保持过程、分断过程三部分,是一个变化规律十分复杂的动态过程。电磁系统的动作质量依赖于控制电源电压、阻尼机构和反力弹簧等,并不可避免地存在不同程度的动、静铁心的"撞击"、"弹跳"等现象,甚至造成"触头熔焊"和"线圈烧损"等,即传统的电磁接触器的动作具有被动的"不确定"性。智能化接触器是对接触器的整个动态工作过程进行实时控制,根据动作过程中检测到的电磁系统的参数,如线圈电流、电磁吸力、运动位移、速度和加速度、正常吸合门槛电压和释放电压参数,进行实时数据处理,并依此选取事先存储在控制芯片中的相应控制方案以实现"确定"的动作,从而同步吸合、保持和分断 3 个过程,保证触头开断过程的电弧能量最小,实现 3 个过程的最佳实时控制。检测元件是采用了高精度的电压互感器和电流互感器,但这种互感器与传统的互感器有所区别,如电流互感器是通过测量一次侧电流周围产生的磁通量并使之转化为二次侧的开路电压,依此确定一次侧的电流,再通过计算得出 I^2 及 I^2t 值,从而获取与控制电路对象相匹配的保护特性,并具有记忆、判断功能,能够自动调整、优化保护特性。经过对控制电路的电压和电流信号的检测、判别和变换过程,实现对接触器电磁线圈的智能化控制,并可实现过载、断相或三相不平衡、短路、接地故障等保护功能。

（2）双向通信与控制接口

智能化接触器能够通过通信接口直接与自动控制系统的通信网络相连,通过数据总线可输出工作状态参数、负载数据和报警信息等,另一方面可接受上位控制计算机及可编程序控制器（PLC）的控制指令,其通信接口可以与当前工业上应用的大多数低压电器数据通信规约兼容。

目前智能化接触器的产品尚不多,已面世的产品在一定程度上代表了当今智能化接触器技术发展的动向和水平,是智能化接触器产品的发展方向。如日本富士电机公司的 NewSC 系列交流接触器,美国西屋公司的"A"系列智能化接触器、ABB 公司的 AF 系列智能化接触器、金钟-默勒公司的 DIL-M 系列智能化接触器等。国内已有将单片机引入交流接触器的控制技术。

1.5.4　接触器的选用原则

接触器使用广泛,只有根据不同使用条件正确选用,才能保证其可靠运行,充分发挥其技术经济效果。

（1）接触器的类型选择

根据接触器所控制的负载性质和工作任务（轻任务、一般任务或重任务）来选择相应使用类别的直流接触器或交流接触器。常用接触器的使用类别和典型用途如表1.18所示。生产中广泛使用中小容量的笼型电动机，而且其中大部分电动机的负载是一般任务，它相当于AC3使用类别。对于控制机床电动机的接触器，其负载情况比较复杂，既有AC3类的，也有AC4类的，还有AC3类和AC4类混合的负载，这些都属于重任务的范畴。如果负载明显地属于重任务类，则应选用AC4类的接触器。如果负载为一般任务与重任务混合的情况，则应根据实际情况选用AC3类或AC4类接触器，若确定选用AC3类接触器，它的容量应降低一级使用。

表1.18　常用接触器的使用类别和典型用途

电流种类	使用类别代号	典型用途
AC（交流）	AC1	无感或微感负载、电阻炉
	AC2	绕线式电动机的起动和中断
	AC3	笼型电动机的起动和运转中分断
	AC4	笼型电动机的起动、反接制动、反向和点动
DC（直流）	DC1	无感和微感负载、电阻炉
	DC2	并励电动机的起动、反接制动、反向和点动
	DC3	串励电动机的起动、反接制动、反向和点动

（2）额定电压的选择

接触器的额定电压应大于或等于所控制线路的电压。

（3）额定电流的选择

接触器的额定电流应大于或等于所控制线路的额定电流。对于电动机负载可按下列经验公式计算：

$$I_C = P_N/KU_N$$

式中：I_C——接触器主触头电流/A；

P_N——电动机额定功率/kW；

U_N——电动机额定电压/V；

K——经验系数，一般取1～1.4。

接触器的额定电流应大于I_C，也可查手册根据技术数据确定。接触器如使用在频繁起动、制动和正反转的场合，则额定电流应降低一个等级使用。

当接触器的使用类别与所控制负载的工作任务不相对应，如使用AC3类的接触器控制AC3与AC4混合类负载时，须降低电流等级使用。用接触器控制电容器或白炽灯时，由于接通时的冲击电流可达额定电流的几十倍，所以从"接通"方面来考虑，宜选用AC4类的接触器，若选用AC3类的接触器，则应降低为70%～80%额定容量来使用。

（4）吸引线圈额定电压选择

根据控制回路的电压选用。

（5）接触器触头数量、种类选择

触头数量和种类应满足主电路和控制线路的要求。

1.6 继 电 器

继电器是一种当输入量变化到某一定值时,其触头(或电路)即接通或分断交直流小容量控制回路的自动控制电器。在电气控制领域或产品中,凡是需要逻辑控制的场合,几乎都需要使用继电器,从家用电器到工农业应用,甚至国民经济各个部门,可谓无所不见。因此,对继电器的需求千差万别,为了满足各种要求,人们研制生产了各种用途、不同型号和大小的继电器。本节主要介绍电磁继电器、时间继电器、热继电器、速度继电器等几种常用的继电器。

1.6.1 电磁继电器

电磁继电器就是采用电磁式结构的继电器。低压控制系统中采用的继电器,大部分为电磁式。如电压(电流)继电器、中间继电器以及相当一部分的时间继电器等,都属于电磁式继电器。

电磁继电器的结构和原理与接触器基本相同,两者的主要区别在于:接触器的输入量只有电压,而继电器的输入可以是各种物理量,接触器的主要任务是控制主电路的通断,所以它强化执行功能,而继电器要实现对各种信号的感测,并且通过比较确定其动作值,所以它强化感测的灵敏性、动作的准确性及反应的快速性,其触点通常接在小容量的控制电路中,一般不采用灭弧装置。

电磁继电器反映的是电信号。当线圈反映电压信号时,称为电压继电器;当线圈反映电流信号时,称为电流继电器。电压继电器的线圈应和电压源并联,匝数多而导线细;电流继电器的线圈应和电流源串联,匝数少而导线粗。

电磁继电器又有交直流之分。交流继电器的线圈通以交流电,其铁心用硅钢片叠成,磁极端面装有短路铜环。直流继电器的线圈通以直流电,其铁心用软钢做成,不需要装短路环。

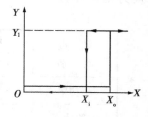

图 1.28 继电特性曲线

(1)继电器的继电特性

继电器的输入-输出特性称为继电器的继电特性,电磁式继电器的继电特性曲线如图 1.28 所示。

从图中可以看出,继电器的继电特性为跳跃式的回环特性。当输入量 x 从零开始增加,在 $x < X_o$ 的整个过程中,输出量 y 不变,为 $y = 0$;当 X 到达 X_o 值时,y 突然由零增加到 Y_1,再进一步增加 x,y 不再变化,仍保持 Y_1;而当输入量 x 减小时,在 $x > X_i$ 的整个过程中,Y_1 仍保持,只有当 x 降低到 $x = X_i$ 时,Y_1 突然下降到零,x 再减小,y 仍为零。图中,X_o 称为继电器的动作值(吸合值),X_i 称为继电器的复归值(释放值),它们均为继电器的动作参数,可根据使用要求进行整定。

X_i 与 X_o 的比值称为返回系数,用 K 表示,即 $K = X_i/X_o$。

电流继电器的返回系数称为电流返回系数,用 K_i 表示:

$$K_i = I_i/I_o$$

式中:I_o 为动作电流,I_i 为复归电流。

电压继电器的返回系数称为电压返回系数,用 K_v 表示:

$$K_v = U_i/U_o$$

式中:U_o 为动作电压,U_i 为复归电压。

(2)继电器的主要技术参数

1)额定参数

额定参数有额定电压(电流),吸合电压(电流)和释放电压(电流);

额定电压(电流)即指继电器线圈电压(电流)的额定值,用 $V_e(I_e)$ 表示;

吸合电压(电流)即是指使继电器衔铁开始运动时线圈的电压(电流)值;

释放电压(电流)即衔铁开始返回动作时,线圈的电压(电流)值。

2)时间特性

时间特性包括动作时间和返回时间。

动作时间是指从接通电源到继电器的承受机构起,至继电器的常开触点闭合为止所经过的时间。它通常由启动时间和运动时间两部分组成,前者是从接通电源到衔铁开始运动的时间间隔,后者是由衔铁开始运动到常开触点闭合为止的时间间隔。

返回时间是指从断开电源(或将继电器线圈短路)起,至继电器的常闭触点闭合为止所经过的时间。它也是由两个部分组成,即返回启动时间和返回运动时间。前者是从断开电源起至衔铁开始运动的时间间隔,后者是由衔铁开始运动到常开触点闭合为止的时间间隔。

一般继电器的吸合时间与返回时间为 0.05 ~ 0.15s,快速继电器的吸合时间与返回时间可达 0.005 ~ 0.05s,它们的大小影响着继电器的操作频率。

3)触点的开闭能力

继电器触点的开闭能力与负载特性、电流种类和触点的结构有关。在交、直流电压不大于250V 的电路(对直流规定其有感负荷的时间常数不大于 0.005s)中,各种功率继电器的开闭能力见表 1.19。

表 1.19　继电器触点的开闭能力参考表

触　点类　别	触点的允许断开功率		允许接通电流/A		长期允许闭合电流/A
	直流/W	交流/VA	直流	交流	
小功率	20	100	0.5	1	0.5
一般功率	50	250	2	5	2
大功率	200	1 000	5	10	5

4)整定值

执行元件(如触头系统)在进行切换工作时,继电器相应输入参数的数值,称为整定值。大部分继电器的整定值是可以调整的。一般电磁继电器是调节反作用弹簧和工作气隙,使在一定电压或电流时继电器动作。

5)灵敏度

继电器能被吸动时所必须具有的最小功率或安匝数称为灵敏度。由于不同类型的继电器当动作安匝数相同时,却往往因线圈电阻不一样,消耗的功率也不一样,因此,当比较继电器的灵敏度时,应以动作功率为准。

6）返回系数

如前所述，返回系数为复归电压（电流）与动作电压（电流）之比。不同用途的继电器，要求有不同的返回系数。如控制用继电器，其返回系数一般要求在 0.4 以下，以避免电源电压短时间的降低而自行释放，对保护用继电器，则要求较高的返回系数（0.6 以上），使之能反映较小输入量的波动范围。

7）接触电阻

指从继电器引出端测得的一组闭合触点间的电阻值。

8）寿命

指继电器在规定的环境条件和触点负载下，按产品技术要求，能够正常动作的最少次数。

（3）常用典型电磁继电器

1）JT3 系列直流继电器

该系列继电器为通用继电器，所谓通用继电器，是在其磁系统中装上不同的线圈或阻尼圈后可制成电压继电器、电流继电器或时间继电器。该系列继电器的电磁机构由 U 形铁心、板状衔铁及套在 U 形铁心上的吸引线圈组成。触头系统采用通用 CI—1/2 型辅助触头，控制容量大，触头对数多，常开常闭触头可以任意组合，便于变通使用。这种继电器适合在电力拖动线路中作为时间（仅在吸引线圈断电或短接时延时）电压、欠电流或中间继电器用。JT3 系列继电器型号的表示符号和含义如下：

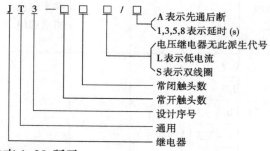

```
J T 3 — □ □ □ / □
                  ├── A 表示先通后断
                  ├── 1,3,5,8 表示延时 (s)
                  ├── 电压继电器无此派生代号
                  ├── L 表示低电流
                  ├── S 表示双线圈
              └── 常闭触头数
            └── 常开触头数
          └── 设计序号
        └── 通用
      └── 继电器
```

其主要技术参数如表 1.20 所示。

2）JT4 系列交流继电器

该系列继电器的结构组成与 JT3 系列相似，但铁心和衔铁均用硅钢片叠成，其线圈为交流线圈，触头采用通用 CI-1 型辅助触头。该系列继电器有自动和手动两种复位方式。自动复位方式就是当被保护的负载电路出现过电压或过电流的故障时，衔铁吸合，其触点使接触器线圈断电，从而切断负载电路。这时，继电器线圈的电压或电流也消失，衔铁打开，其触点也自动恢复到原来的状态。手动复位方式则是指当负载电路出现上述故障，衔铁吸合后，手动复位机构不能使衔铁打开，只有在故障排除，负载电路恢复正常之后，才允许用手动复位机构使衔铁打开，使触点恢复到原来状态。该系列继电器适合在交流 50Hz 的自动控制电路中作为零电压、过电压、过电流及中间继电器用。

表 1.20　JT3 系列继电器主要技术参数

继电器类型	型号	动作值可调范围	延时可调范围/s 断电 短路	标准误差级别	触头对数	吸引线圈 额定电压或额定电流	消耗功率	机械寿命/次	电寿命/次	重量/kg
电压	JT3—□□/A	吸合电压在 30%～50%线圈额定电压范围内或释放电压在 7%～70%线圈额定电压范围内		δZ3（±10%）	1 常分 1 常合或 2 常分 2 常合	直流 12,24,48,75,110,220 和 440V 共七种规格供选用；直流 1.5,2.5,5,10,25,50,100,150,300,和 600A 共十种规格供选用	约20 W	10^7	10^6	2.5
	JT3—□□									
电流	JT3—□□/L	吸合电流在 30%～65%线圈额定电流允许范围内或释放电流在 10%～20%线圈额定电流范围内			最多为 4 对触头，可以任意组合					2.7
时间	JT3—□□/1		0.3～0.9 0.3～1.5	δS3-1（±10%）			约16 W			2.5
	JT3—□□/3		0.8～3 1～3.5							2.1
	JT3—□□/5		2.5～5 3～5.5							2.5
双线圈	JT3—□□5	释放电压在 7%～20%吸引线圈额定电压范围内		δZ3（±10%）						2.5
	JT3—□□S/8	释放线圈上所加释放电压越高，延时越短，当释放电压为 6V 时，延时大于 8s								

　　JT4 系列继电器型号的表示符号和含义如下：

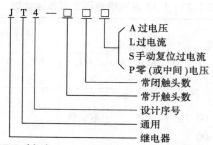

其主要技术参数如表1.21所示。

表 1.21　JT4 系列继电器主要技术参数

继电器类型	可调参数调整范围	标准误差	返回系数	触头数量	吸引线圈		复位方式	机械寿命/次	电寿命/次	重量/kg
					额定电压（或电流）	消耗功率				
JT4—□□A 过电压继电器	吸合电压105%~120% U_s		0.1~0.3	常分1常合	100,200 380V			15 000	15 000	2.1
JT4—□□P 零电压继电器	吸合电压60%~85% U_e 或释放电压10%~35% U_e	δZ3(±10%)	0.2~0.4	常分1常合或2常分或2常合	100,127 220,380V	75VA	自动	1 000 000	100 000	1.8
JT4—□□L 过电流继电器　JT4—□□S 手动过电流继电器	吸合电流100%~350% I_e		0.1~0.3		5A，10A，15A，20A，40A，80A，150A，300A,600A	5W	手动	15 000	15 000	1.7

3) JL12 系列过电流延时继电器

该系列继电器适合在交流50Hz，交流电压至380V，直流电压至440V，电流5~300A的电路中，作为起重机上交流绕线型电机或直流电机的启动过载和过电流保护用。JT12系列继电器型号的表示符号和含义如下：

$$\text{JL} \quad 12 \quad — \quad □ \quad \begin{cases} \text{线圈额定电流} \\ \text{设计电流} \\ \text{过电流继电器} \end{cases}$$

其主要技术参数如表1.22所示。

表 1.22　JL12 系列继电器主要技术参数

型　号	线圈额定电流 /A	触头额定 电流/A	动作时间				外形尺寸 /mm		
			I/I_e 1	I/I_e 1.5	I/I_e 2.5	I/I_e 6	长	宽	高
JL12—□	交流或直流 5,10,15,20,30,40,60,75, 100,150,200,300	5	不动作	小于 3 min	4s 至 16s	小于 1s	128	100	55

注:I——动作电流,I_e——额定电流

4)JZ7 系列交流中间继电器

该系列继电器具有结构紧凑、体积小、触头多等特点,适用在交流电压 500V 及以下的控制电路中,用以增大被控制线路的数量与容许的断开容量。JZ7 系列继电器型号的表示符号和含义如下:

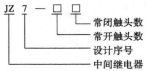

其主要技术参数如表 1.23 所示。

表 1.23　JZ7 系列继电器主要技术参数

型　号	线圈参数			触点参数			操作 频率/ 次·n⁻¹	重量/kg	外形尺寸/mm
	额定电压/V		消耗 功率/VA	触点数	最大断开容量				
	交流	直流			感性负载	阻性 负载			
JZ7—44	12,24, 36,48, 110,127, 220,380, 420,440, 500	220	启动: 75 吸持: 13	4 动合 4 动断	$\cos\phi=0.4$ $L/R=5ms$ 交流: 380V 5A 500A 3.5A 直流: 220V 0.5A	交流: 380V 5A 500V 3.5A 直流: 220V 1A	1 200	0.42	66×52×90 55×30/2— φ5
JZ7—62				6 动合 2 动断					
JZ7—80				8 动合					

5)JT9 和 JT10 系列直流高返回系数继电器

这两个系列继电器的结构与 JT3 系列差不多,不同处在于衔铁的截面比 JT3 的小得多,这样就容易饱和,当闭合后,磁通增长较慢,吸力也上升得较慢,可以提高释放值,从而直流返回系数较高。JT9 的返回系数为 0.65 ~ 0.7,JT10 的返回系数为 0.6 ~ 0.65。它们适合在保护及控制直流电机的励磁回路中,作过电压、欠电压和欠电流继电控制与保护用,也可用于交流电动机的反接制动。这两个系列继电器型号的表示符号和含义如下:

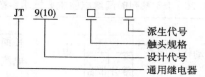

其主要技术参数如表 1.24 所示。

表 1.24　JT9(10)系列继电器主要技术参数

型号	吸引线圈规格（直流）	返回系数	触头型式	接点组合形式与数量	外形尺寸/mm		
					长	宽	高
JT9	12,24,48,110,220,440(V)	<0.7	单断点	一常开一常闭额定电流 15A	140至175	88	135至215
JT10	1.5,2.5,5,10,25,50,100,150,300,600,900,1 200(A)	<0.65	双断点			78	
	12,24,48,110,220,500(V)						
	1.5,2.5,5,10,20,40,80,150,300,600,1 500(A)						

1.6.2　时间继电器

时间继电器是从接受信号到执行元件(如触头)动作有一定时间间隔的继电器。其特点是接受信号后,执行元件能够按照预定时间延时工作,因而广泛地应用在工业生产及家用电器等的自动控制中。

(1)时间继电器的类型

时间继电器的延时方法及其类型很多,概括起来,可分为电气式和机械式两大类。电气延时式有电磁阻尼式、电动机式、电子式(又分阻容式和数字式)等时间继电器。机械延时式有气体阻尼式、油阻尼式、水银式、钟表式和热双金属片式等时间继电器。其中常用的有电磁阻尼式、空气阻尼式、电动机式和电子式等时间继电器。按延时方式分,时间继电器又可分为通电延时型、断电延时型和带瞬动触点的通电延时型等。

(2)常用典型时间继电器

1)JS3 系列电磁阻尼式时间继电器

该系列时间继电器的型号含义,延时范围,原理,特点及用途和主要技术参数如表 1.25 和表 1.26 所示。

表 1.25　JS 系列时间继电器的型号含义、延时范围、原理、特点及用途

型号含义	延时范围	原理,特点及用途
JS 3—□ □ /□ 时间继电器 设计序号 常开触头数 常闭触头数 延时范围	4.5 ~16s	通过改变衔铁与铁心间非磁性垫片的厚度和反力的大小,来调节延时长短。结构简单,调节方便,寿命较长,延时较短,精度不高,体积较大。用于直流电力传动自动控制(若用于交流电力拖动的自动控制,则应选 JS2 系列)

表 1.26　JS3 系列时间继电器主要技术参数

新型号	旧型号	规格 额定电压/V	动作时间/s	数量 常分 常合		电压 /V	触头 长期 电流 /A	分断电流/A 电感的	电阻的	关合电 流/A
JS3	PO—580	直流电压: 12,24, 48,110,220, 440	延时 4.5~16	1	1	交流 380	10	10	10	50
						直流 110 220	10	2	4	10
							10	0.8	2	5

2) JS7—A 空气阻尼式时间继电器

该系列时间继电器的延时范围,原理,特点及用途和主要技术参数如表 1.27 和表 1.28 所示。

表 1.27　JS7—A 系列时间继电器的延时范围、原理、特点及用途

延时范围	原理,特点及用途
分 0.4~60 及 0.4~180 /s 两种	磁系统为直动式双 E 形,通过杠杆驱动,依靠进入气室的空气速度得到快慢延时。触头为桥式双断点结构。延时时间决定于锥形杆与其下方的锥形孔之间的配合间隙,即借上下移动锥形杆来调节,同时,又可改变电磁系统的安装方向,以获得通电延时和断电延时两类产品。结构简单,但延时误差较大。适用于电压为 380V 及其以下的交流控制线路,作为接时间控制机构动作的元件

表 1.28　JS7—A 系列时间继电器主要技术参数

型号	触头额定电压 V	触头额定控制容量 VA	瞬时动作触头数量 常开	常闭	延时动作触头数量 常开	常闭	延时方式	延时范围/s	吸引线圈电压/V 50 Hz	60 Hz	吸引线圈功率/VA 起动	吸持	额定操作频率 次·h⁻¹	通电率 %	重量/kg	外形尺寸/mm
JS7—1A	380	100	1	1	1	1	通电延时	0.4~60 及	36 110 127	24 36 110 127					0.44	87× 57× 107
JS7—2A	380	100	1	1	1	1									0.46	
JS7—3A	380	100	1	1	1	1	断电延时	0.4~180 两种	220 420 440	220 240 380 420	86	20	600	40	0.44	87× 57× 107
JS7—4A	380	100	1	1	1	1									0.46	

3) JS10,JS11,JS17 系列电动式时间继电器

这几个系列时间继电器的延时范围、原理、特点及用途如表 1.29 所示。

表 1.29　JS10,JS11,JS17 系列时间继电器的延时范围、原理、特点及用途

产品型号	延时范围	原理,特点及用途
JS10	10s～48m(共6个级别)	利用小型同步电动机带动减速齿轮,差动齿轮,离合电磁铁等,且通过改变指针在刻度盘上的位置来调整延时长短。
JS11	0～72(h)	具有延时范围大,规格多,误差小等优点,寿命较低,不宜频繁操作,机构复杂,体积较大,不能返回延时,且一般无直流。
JS17	0～72(h)	适用在各种机械,电讯或电器设备中作自动控制系统的延时元件。

表 1.30　JS 10 系列时间继电器主要技术参数

吸引线圈电压 V	触头参数				规格代号				延时调整范围	电动机与启动器先后启动		电动机与启动器同时启动时间误差 s
	额定电压 V	额定容量 VA	通电延时触头	不延时触头	380V 50Hz	220V 50Hz	127V 50Hz	110V 50Hz		时间间隔 s	时间误差 s	
110 127 220 380 (交流)	220	30	常开1常闭	无	SRM4, 560,201	SRM4, 560,221	SRM4, 560,203	SRM4, 560,204	10s ～2min	4	±2	±4
					SRM4, 560,205	SRM4, 560,206	SRM4, 560,207	SRM4, 560,208	20s ～4min	8	±4	±8
					SRM4, 560,209	SRM4, 560,210	SRM4, 560,211	SRM4, 560,212	30s ～6min	12	±6	±12
					SRM4, 560,213	SRM4, 560,214	SRM4, 560,215	SRM4, 560,216	1min ～12min	30	±15	±30
					SRM4, 560,217	SRM4, 560,218	SRM4, 560,219	SRM4, 560,220	2min ～24min	60	±30	±60
					SRM4, 560,221	SRM4, 560,222	SRM4, 560,223	SRM4, 560,224	4min ～48min	120	±60	±120

4)JS11S(或 JSS11)电子式时间继电器

该系列时间继电器的型号含义,延时范围,原理,特点及用途如表 1.31 所示,主要技术参数如表 1.32 所示,延时范围其代号如表 1.33 所示。

1.6.3　热继电器

(1)热继电器的作用和分类

在电力拖动控制系统中,当三相交流电动机出现长期带负荷欠电压下运行,长期过载运行及长期单相运行等不正常情况时,会导致电动机绕组严重过热乃至烧坏,为了充分发挥电动机

表 1.31　JS11S 继电器的型号含义、延时范围、原理、特点及用途

产品型号	型号含义	原理,特点及用途
JS11S 或 JSS11	J S 11 S - □□ /□ 　电源电压 (交流 220V 不用写, 交流其他电压写 AC□ V, 直流 24V 写 DC 直流其他电压写 DC□ V) 　延时方式, 通电型不写, 断电型写 T 　延时范围代号 　数字显示器 　设计序号 　时间继电器	为 JS11 电动式时间继电器的换代产品,采用数控技术,用集成电路和 LED 显示器件取代电动机和机械传动系统,除兼有电动式常延时优点外,并具有无机械磨损,工作稳定可靠,精度高,记数清晰悦目,准确直观和结构新颖等优点,作为时间控制器件可广泛应用于自动程序,各种生产工艺过程控制及家用电器等。

表 1.32　JS11S(JSS11)系列继电器主要技术参数

输出接点容量	输出接点数		电源电压/V	接点返回时间/s	延时控制精度	功耗/W	允许操作频率/次·h⁻¹	电寿命/万次	装置方式	重量/kg	
	不延时	延时								JS11S	JSS11
交流 220V, 1A(阻性)(可用于 380V)直流 28V,2A	1 对常开常闭转换接点	2 对常开常闭转换接点	交流 50Hz 48 110 220 380 (不注明时为 220)直流 24	<0.2	与交流电源频率(同步),直流误差<0.3%	<3	1 200	10	面板式	交流 0.5 直流 0.4	约 0.6

表 1.33　JS11S(JSS11)系列继电器延时范围及其代号

型号 ＼ 延时范围(s)	延时范围代号							
	1	2	3	4	5	6	7	8
JS11S	1s ~ 9m59s	1m ~ 9h59m	1s ~ 19m59s	1m ~ 19h59m	0.1 ~ 5.9s	1 ~ 59s	1 ~ 59m	0.1 ~ 19.9m
JSS11	1s ~ 9m59s	1m ~ 9h59m	1s ~ 23m59s	1m ~ 23h59m				

的过载能力,保证电动机的正常启动和运转,而当电动机一旦出现长时间过载时又能自动切断电路,从而出现了能随过载程度而改变动作时间的电器,这就是热继电器。显而易见,热继电器在电路中是做三相交流电动机的过载保护用的。但须指出的是,由于热继电器中发热元件

有热惯性,在电路中不能做瞬时过载保护,更不能做短路保护,因此,它不同于过电流继电器和熔断器。按相数来分,热继电器有单相,两相和三相式共 3 种类型,每种类型按发热元件的额定电流分又有不同的规格和型号。三相式热继电器常用做三相交流电动机的过载保护电器。按职能来分,三相式热继电器又有不带断相保护和带断相保护两种类型。

（2）热继电器的保护特性和工作原理

热继电器的保护特性即电流——时间特性,也称安秒特性。为了适应电动机的过载特性而又起到过载保护作用,要求热继电器具有如同电动机过载特性那样的反时限特性。电动机的过载特性和热继电器的保护特性如图 1.29 所示。

因各种误差的影响,电动机的过载特性和热继电器的保护特性都不是一条曲线,而是一条带子,误差越大,带子越宽;误差越小,带子越窄。

由图 1.29 可以看出,在允许升温条件下,当电动机过载电流小时,允许电动机通电时间长些,反之,允许通电时间要短。为了充分发挥电动机的过载能力又能实现可靠保护,要求热继电器的保护特性应在电动机过载特性的邻近下方,这样,如果发生过载,热继电器就会在电动机未达到其允许过载极限时间之前动作,切断电源,使之免遭损坏。

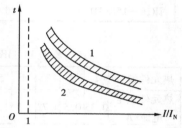

图 1.29　电动机的过载特性和热
继电器的保护特性
1—电动机的过载特性
2—热继电器的保护特性

热继电器中产生热效应的发热元件,应串接于电动机电路中,这样,热继电器便能直接反映电动机的过载电流。热继电器的感测元件,一般采用双金属片。所谓双金属片,就是将两种线膨胀系数不同的金属片以机械辗压的方法使之形成一体。膨胀系数较大的称为主动层,膨胀系数较小的称为被动层。双金属片受热后产生线膨胀,由于两层金属的线膨胀系数不同,且两层金属又紧密地结合在一起,因此,使得双金属片向被动层一侧弯曲,由双金属片弯曲产生的机械力便带动触电动作,这就是热继电器的基本工作原理。

双金属片的受热方式有 4 种,即直接受热式、间接受热式、复合受热式和电流互感器受热式。直接受热式是将双金属片当作发热元件,让电流直接通过它。间接受热式的发热元件由电阻丝或带制成,绕在双金属片上且与双金属片绝缘。复合受热式介于上述两种方式之间。电流互感器受热式的发热元件不直接串接于电动机电路,而是接于电流互感器的二次侧,这种方式多用于电动机电流比较大的场合,以减少通过发热元件的电流。

（3）常用典型热继电器

1）JR16 系列热继电器

该系列热继电器的型号含义,结构特点及用途如表 1.34 所示。

表 1.34　JR16 系列热继电器的型号含义、结构特点及用途

型号含义	结构特点及用途
JR 16—□/□D 　　　　　└带断相保护 　　　　└相数 　　　└额定电流 　　└设计序号 　└热继电器	采用复合受热式,双金属片和发热元件串联后直接串接于电动机定子电路中。适合在交流 50Hz、电压至 500V,电流 150A 的长期工作或间断长期工作的电路中,作一般交流电电动机的过载保护用,带有断相保护装置的热继电器并能在——相断线或三相电源严重不平衡时起保护作用。

该系列热继电器的主要技术参数和热元件号及元件额定电流选用表如表 1.35 和表 1.36 所示。

表 1.35 JR16 系列热继电器主要技术参数

型号	额定电压 /V	额定电流 /A	热元件额定 电流/A	额定电流 范围/A	外型尺寸/mm		
					长	宽	高
JR16—20/2 JR16—20/3	500	20	0.35 ~ 22	0.25 ~ 22	71	43	72
JR16—20/3D		60	22 ~ 63	14 ~ 63			
JR16—150/2 JR16—150/3 JR16—150/3D		150	63 ~ 160	40 ~ 160	86	46	73

表 1.36 JR16 系列热继电器热元件号及元件额定电流选用表

热元件编号	1	2	3	4	5	6	7	8	9	10	11	12	13	14	15	16	17	18	19	20
热元件额定 电流/A	0.35	0.5	0.72	1.1	1.6	2.4	3.5	5	7.2	11	11	16	24	33	45	50	72	100	110	150
热继电器型号	JR16—20											JR16—60					JR16—150			

2）JR20 系列热继电器

该系列热继电器的额定电流分为 10A,16A,25A,63A,160A,250A,400A 及 630A 等 8 级。其中 160A 及其以下的 5 级发热元件直接串接于电动机定子电路中,而其余的三级则配有专门的电流互感器,其一次线圈串接于电动机定子电路中,而二次线圈则与发热元件串接。该系列热继电器的整定电流范围如表 1.37 所示。

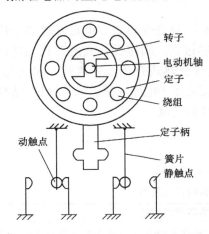

图 1.30 JYI 型速度继电器的结构原理

1.6.4 速度继电器

速度继电器常用于反接制动电路中,JYI 型速度继电器的结构原理如图 1.30 所示。速度继电器的轴与电动机的轴相连接。永久磁铁的转子固定在轴上,装有鼠笼式绕组的定子与轴同心,能独自偏摆,与永久磁铁间有一气隙。当轴转动时,永久磁铁一起转动,鼠笼式绕组切割磁通产生感应电动势和电流,和鼠笼式感应电动机原理一样,此电流与永久磁铁磁场作用产生转矩,使定子随轴的转动方向偏摆,通过定子柄拨动触点,使继电器触点接通或断开。当轴的转速下降到接近零速(约 100r/min)时,定子柄在动触点弹簧力的作用下恢复到原来位置。

常用的速度继电器有 JY1 型和 JFZ0 型两种。JY1 型可在 700 ~ 3 600r/min 范围内可靠地工作。JFZ0—1 型适用于 300 ~ 1 000r/min;JFZ0—2 型适用于 1 000 ~ 3 600r/min。它们具有两个常开触点和两个常闭触点,触点的额定电压为

380V,额定电流为2A。一般速度继电器转轴在130r/min左右即能动作,100r/min时触头即能恢复到正常位置,可通过调整螺钉来调节改变继电器的动作转速,以适应控制电路的要求。

表1.37 JR20系列热继电器整定电流范围

型号	热元件号	额定电流范围A	型号	热元件号	整定电流范围A
JR20—10	1R	0.1~0.13~0.15		1U	16~20~24
	2R	0.15~0.19~0.23		2U	24~30~36
	3R	0.23~0.29~0.35	JR20—63	3U	32~40~47
	4R	0.35~0.44~0.53		4U	40~47~55
	5R	0.53~0.67~0.8		5U	47~55~62
	6R	0.8~1~1.2		6U	55~63~71
	7R	1.2~1.5~1.8		1W	33~40~47
	8R	1.8~2.2~2.6	JR20—160	2W	47~55~63
	9R	2.6~3.2~3.8		3W	63~74~84
	10R	3.2~4~4.8		4W	74~86~98
	11R	4~5~6		5W	85~100~115
	12R	5~6~7		6W	100~115~130
	13R	6~7.2~8.4		7W	115~132~150
	14R	7~8.6~10		8W	130~150~170
	15R	8.6~10~11.6		9W	144~160~176
JR20—16	1S	3.6~4.5~5.4	JR20—250	1X	130~160~195
	2S	5.4~6.7~8		2X	167~200~250
	3S	8~10~12	JR20—400	1Y	200~250~300
	4S	10~12~14		2Y	267~335~400
	5S	12~14~16	JR20—630	1Z	320~400~480
	6S	14~16~18		2Z	420~525~630
JR20—25	1T	7.8~9.7~11.6			
	2T	11.6~14.3~17			
	3T	17~21~25			
	4T	21~25~29			

1.6.5 继电器的选用原则

(1)接触式继电器

选用时主要是按规定要求选定触头型式和通断能力,其他原则和接触器相同。有些应用场合,如对继电器的触头数量要求不高,但对通断能力和工作可靠性(如耐振)要求较高时,以选用小规格接触器为好。

(2)时间继电器

选用时间继电器时要考虑的特殊要求主要是延时范围、延时类型、延时精度和工作条件。

(3)保护继电器

保护继电器指在电路中起保护作用的各种继电器,这里主要指过电流继电器、欠电流继电器、过电压继电器和欠电压(零电压、失压)继电器等。

1)过电流继电器

过电流继电器主要用作电动机的短路保护,对其选择的主要参数是额定电流和动作电流。过电流继电器的额定电流应当大于或等于被保护电动机的额定电流,其动作电流可根据电动机工作情况按其起动电流的 $1.1 \sim 1.3$ 倍整定。一般绕线转子感应电动机的起动电流按 2.5 倍额定电流考虑,笼型感应电动机的电流按额定电流的 $5 \sim 8$ 倍考虑。选择过电流继电器的动作电流时,应留有一定的调节余地。

2)欠电流继电器

欠电流继电器一般用于直流电机的励磁回路监视励磁电流,作为直流电动机的弱磁超速保护或励磁电路与其他电路之间的联锁保护。选择的主要参数为额定电流和释放电流,其额定电流应大于或等于额定励磁电流,其释放电流整定值应低于励磁电路正常工作范围内可能出现的最小励磁电流,可取最小励磁电流的 0.85。选用欠电流继电器时,其释放电流的整定值应留有一定的调节余地。

3)过电压继电器

过电压继电器用来保护设备不受电源系统过电压的危害,多用于发电机-电动机组系统中。选择的主要参数是额定电压和动作电压。过电压继电器的动作值一般按系统额定电压的 $1.1 \sim 1.2$ 倍整定。一般过电压继电器的吸引电压可在其线圈额定电压的一定范围内调节,例如 JT3 电压继电器的吸引电压在其线圈额定电压的 30% ~50% 范围内,为了保证过电压继电器的正常工作,通常在其吸引线圈电路中串联附加分压电阻的方法确定其动作值,并按电阻分压比确定所需串入的电阻的值。计算时应按继电器的实际吸合动作电压值考虑。

4)欠电压(零电压、失压)继电器

欠电压继电器在线路中多用做失压保护,防止电源故障后恢复供电时系统的自起动。欠电压继电器常用一般电磁式继电器或小型接触器充任,其选用只要满足一般要求即可,对释放电压值无特殊要求。

(4)热继电器

热继电器热元件的额定电流原则上按被保护电动机的额定电流选取,即热元件的额定电流应接近或略大于电动机的额定电流。对于星形接法的电动机及电源对称性较好的场合,可选用两相结构的热继电器;对于三角形接法的电动机或电源对称性不够好的场合,可选用三相结构或三相结构带断相保护的热继电器。

(5)速度继电器

主要根据电动机的额定转速进行选择。

1.7　主令电器

主令电器用来闭合或断开控制电路,以发布命令或用作程序控制,它主要有控制按钮、行程开关、转换开关和主令控制器等。正因为主令电器在控制电路中是一种专门发布命令的电器,所以称为主令电器,但主令电器不允许分合主电路。

1.7.1　控制按钮

控制按钮是一种接通或分断小电流电路的主令电器,其结构简单、应用广泛。控制按钮触头允许通过的电流较小,一般不超过5A,主要用在低压控制电路中,手动发出控制信号,以控制接触器、继电器、电磁启动器等。

控制按钮由按钮帽、复位弹簧、桥式动、静触头和外壳等组成,一般为复合式,即同时具有常开、常闭触头。按下时常闭触头先断开,然后常开触头闭合。去掉外力后再复位弹簧的作用下,常开触头断开,常闭触头复位。其结构如图1.31所示。

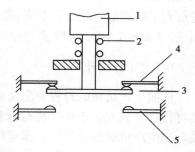

图1.31　控制按钮结构
1—按钮帽　2—复位弹簧　3—动触头　4—常闭触头　5—常开触头

表1.38　LA系列控制按钮技术数据

型号	规格	结构型式	触点对数		按		钮
			常开	常闭	钮数	颜色	标志
LA18—22	500V	元件	2	2	1	红或绿或黑或白	
LA18—44	5 A	元件	4	4	1	红或绿或黑或白	
LA18—66		元件	6	6	1	红或绿或黑或白	
LA18—22J		元件(紧急式)	2	2	1	红	
LA18—44J		元件(紧急式)	4	4	1	红	
LA18—66J		元件(紧急式)	6	6	1	红	
LA18—22Y		元件(钥匙式)	2	2	1	黑	
LA18—44Y		元件(钥匙式)	4	4	1	黑	
LA18—22X		元件(旋钮式)	2	2	1	黑	
LA18—44X		元件(旋钮式)	4	4	1	黑	
LA18—66X		元件(旋钮式)	6	6	1	黑	
LA19—11		元件	1	1	1	红或绿或黄或蓝或白	
LA19—11J		元件(紧急式)	1	1	1	红	
LA19—11D		元件(带指示灯)	1	1	1	红或绿或黄或蓝或白	
LA19—11DJ		元件(紧急式带指示灯)	1	1	1	红	
LA20—11D		元件(带指示灯)	1	1	1	红或绿或黄或蓝或白	
LA20—22D		元件(带指示灯)	2	2	1	红或绿或黄或蓝或白	

控制按钮可做成单式(一个按钮)、双式(两个按钮)和三联式(三个按钮)的形式。为便于识别各个按钮的作用,避免误操作,通常在按钮上做出不同标志或涂以不同颜色,以示区别。

一般红色表示停止,绿色表示启动。另外,为满足不同控制和操作的需要,控制按钮的结构形式也有所不同,如钥匙式、旋钮式、紧急式、掀钮式等。若将按钮的触点封闭于隔爆装置中,还可构成防爆型按钮,适用于有爆炸危险、有轻微腐蚀性气体或蒸汽的环境以及雨、雪和滴水的场合。

控制按钮的常用型号有 LA2、LA18、LA19、LA20 等系列。其中 LA18 为积木式两面拼装基座,触头数量可按需要拼装成 2 常开 2 常闭,也可根据需要拼装成 1 常开 1 常闭至 6 常开 6 常闭的形式。LA19 和 LA20 系列有带指示灯和不带指示灯两种。带有指示灯可使操作人员通过灯光了解控制对象运行状态,缩小了控制箱的体积。此时的按钮兼作信号灯罩,用透明塑料制成。LA18、LA19、LA20 系列控制按钮的技术数据如表 1.38 所示。

1.7.2　行程开关

依照生产机械的行程发出命令以控制其运动方向或行程长短的主令电器称为行程开关。若将行程开关安装于生产机械行程的终点处,以限制其行程,则又可称为限位开关或终点开关。当生产机械运动到某一预定位置,与行程开关发生碰撞时,行程开关便发出控制信号,实现对生产机械的电气控制。

行程开关按其结构可分为直动式,滚轮式和微动式三种。

直动式行程开关的外形及结构原理如图 1.32 所示。它的动作原理与控制按钮相同,它的缺点是触点分合速度取决于生产机械的移动速度,当移动速度低于 0.40m/min 时,触点分断太慢,易受电弧烧损,此时,应采用有盘行弹簧机构瞬时动作的滚轮式行程开关。滚轮式行程开关的外形如图 1.33 所示。当生产机械的行程较小而作用力很小时,可采用具有瞬时动作和微小行程的微动开关。

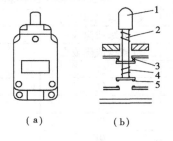

图 1.32　直动式行程开关的外形
　　　　及结构原理
　　（a）外形图　（b）结构原理图
1—顶杆　2—弹簧　3—常闭触点
4—触点弹簧　5—常开触点

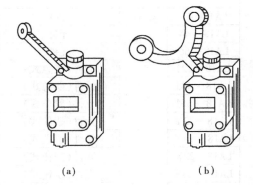

图 1.33　滚轮式行程开关的外形
（a）单轮旋转式　（b）双轮旋转式

常用的行程开关型号有 LX19 系列、JLXK1 系列、LXW—11 和 3SE3 系列等。表 1.39 至表 1.41 分别为 LX19、JLXK1 和 3SE3 系列行程开关的技术数据。

1.7.3　转换开关

转换开关是由多组相同结构的开关元件叠装而成,用以控制多回路的一种主令电器。可用于控制高压油断路器、空气断路器等操作机构的分合闸,各种配电设备中线路的换接,遥控和电流表、电压表的换向测量等;也可用于控制小容量电动机的起动、换向和调速。由于它换接的线路多,用途广泛,故又称为万能转换开关。

表1.39　LX19系列行程开关技术数据

型号	特征	额定电压值/V	额定电流值/A	触头对数
LX19K	元件,直动式			
LX19—001	直动式,能自动复位			
LX19—111	传动杆内侧装有单滚轮,能自动复位			
LX19—121	传动杆外侧装有单滚轮,能自动复位			
LX19—131	传动杆凹槽内装有单滚轮,能自动复位	380	5	1常开 1常闭
LX19—212	传动杆为U形,内侧装有双滚轮,不能自动复位			
LX19—222	传动杆为U形,外侧装有双滚轮,不能自动复位			
LX19—232	传动杆为U形,内、外侧均装有双滚轮,不能自动复位			

表1.40　JLXK1系列行程开关技术数据

型号	额定电压/V		额定电流/A	触点数量		结构型式
	交流	直流		常开	常闭	
JLXK1—111	500	440	5	1	1	单轮防护式
JLXK1—211	500	440	5	1	1	双轮防护式
JLXK1—111M	500	440	5	1	1	单轮密封式
JLXK1—211M	500	440	5	1	1	双轮密封式
JLXK1—311	500	440	5	1	1	直动防护式
JLXK1—311M	500	440	5	1	1	直动密封式
JLXK1—411	500	440	5	1	1	直动滚轮防护式
JLXK1—411M	500	440	5	1	1	直动滚轮密封式

表1.41　3SE3系列行程开关技术数据

额定绝缘电压		最大工作电压	额定发热电流	机械寿命	电寿命			推杆上测量的重复动作精度	保护等级
交流	直流				$U_c = 200V$ $I_c = 1A$	$U_c = 200V$ $I_c = 0.5A$	$U_c = 200V$ $I_c = 10A$		
500V	600V	500V	10A	3×10^6	5×10^6	10×10^6	10×10^4	0.02mm	IP67

　　转换开关由凸轮机构、触头系统和定位装置等部分组成。它依靠凸轮转动,用变换半径来操作触头,使其按预定顺序接通与分断电路;同时由定位机构和限位机构来保证动作的准确可靠。凸轮工作位置有90°、60°、45°和30°四种。触头系统多为双断口桥式结构。在每个塑料压制的触头座内安装有二、三对触头,并在每相的触头上设置灭弧装置。定位装置是采用滚轮

卡棘轮辐射型结构,操作时滚轮与棘轮之间的摩擦为滚动摩擦,所需操作力小,定位可靠,并有一定速动作用,有利于提高分断能力。

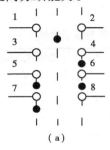

触点	位置	
	X	
1—2	X	
3—4		X
5—6	X	X
7—8	X	

（a）　　　　　　　　（b）

图 1.34　转换开关的图形符号

转换开关的触点分合状态与操作手柄位置关系的图形符号表示如图 1.34 所示。图中的(a)和(b)所示为两种不同的表示方法。(a)用虚线表示操作手柄的位置,用有无"。"表示触点的分合状态,比如,在触点图形符号下方的虚线位置上画"。",则表示当操作手柄处于该位置时,该触点是处于闭合状态,反之为打开状态。(b)用表格形式表示操作手柄处于不同位置时相应的各触点的分合状态,有"X"表示闭合,无"X"表示打开。

常用的转换开关有 LW5 和 LW6 两个系列。LW5 系列转换开关的额定电压为交流 380V 或直流 220V,额定电流 15A,允许正常操作频率为 120 次/h,机械寿命 100 万次,电寿命 20 万次。LW5 型 5.5kW 手动转换开关是 LW5 系列的派生产品,专用于 5.5kW 以下电动机的直接起动、正反转和双速电动机的变速。LW6 系列转换开关是一种适用于交流电压至 380V,直流电压至 220V,工作电流至 5A 的控制电路中的体积小巧的转换开关,也可用于不频繁地控制2.2kW 以下的小型感应电动机,其型号和触头排列特征如表 1.42 所示。

表 1.42　LW6 系列转换开关型号和触头排列特征

型号	触头座数	触头座排列型式	触头对数	型号	触头座数	触头座排列型式	触头对数
LW6—1	1	单列式	3	LW6—8	8	单列式	24
LW6—2	2		6	LW6—10	10		30
LW6—3	3		9	LW6—12	12		36
LW6—4	4		12	LW6—16	16	双列式	48
LW6—5	5		15	LW6—20	20		60
LW6—6	6		18				

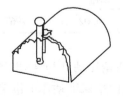

图 1.35　主令控制器外形

1.7.4　主令控制器

主令控制器是用来较为频繁地切换复杂的多回路控制电路的主令电器。它一般由触头、凸轮、转轴、定位机构、面板及其支承件等部分组成,其外形如图 1.35 所示。因其不直接控制电动机,而是切换接触器控制电路,再由接触器控制电动机,因此,主令控制器的触头是按小电流设计的,尺寸小,一般不需要灭弧装置。

从结构形式来看,主令控制器有两种类型:一种是凸轮非调整式主令控制器,其凸轮不能调整,其触头只能按一定的触点分合表动作;另一种是凸轮调整式主令控制器,其凸轮片上开有孔和槽,它装在凸轮盘上的位置可以调整,因此,其触点的开合次序也可以调整。

一般主令控制器的手柄是停留在需要的工作位置上,但在带有特殊反作用弹簧的主令控制器中,它的手柄能自动恢复到零位。

国产主令控制器主要有 LK4、LK14、LK15、LK16 等系列产品。其中,LK4 系列是调整式主令控制器,其余系列是非调整式主令控制器。非调整式主令控制器采用较多。

主令控制器主要用于轧钢及其他生产机械的电力拖动自动控制系统中以及大型起重机的电力拖动自动控制系统中对电动机的起动、制动和调速等做远距离控制用。

在电路图中主令控制器的图形符号表示方法与转换开关相类似,这里不再重述。

上述有触点的主令控制器输出的是开关量主令信号。为实现输出模拟量主令信号,出现了无触点的主令控制器(也称为无级主令控制器)。无触点主令控制器从外观上看与有触点主令控制器相似,但其内部为一自整角机,自整角机的转子由操作手柄带动。当自整角机励磁绕组通电之后,利用转子与定子间的空间角差,在定子绕组中产生正弦的电压模拟输出主令信号。WLK 系列主令控制器就是无触点主令控制器。WLK—1 型为脚踏式,WLK—2 型为手动式。两种类型均采用同一型号的自整角机,励磁绕组电源为交流 110V,定子绕组两相间输出电压为 $(55 \pm 2)\sin\theta$ 伏,其中 θ 为自整角机转子的偏转角度。零位时,两相间电压为零或接近零(不大于 0.5V)。

1.7.5　主令电器的选用原则

主令电器首先应满足控制电路的电气要求,如额定工作电压、额定工作电流(含电流种类)、额定通断能力、额定限制短路电流等,这些参数的确定原则与选用主电路开关电器和控制电器的原则相同。其次应满足控制电路的控制功能要求,如触头类型(常开、常闭、是否延时等)、触头数目及其组合形式等。除此之外,还需要满足一系列特殊要求,这些要求随电器的动作原理、防护等级、功能执行元件类型和具体设计的不同而异。

对于人力操作控制按钮、开关,包括按钮、转换开关、脚踏开关和主令控制器等。除满足控制电路电气要求外,主要是安全要求与防护等级,必须有良好的绝缘和接地性能,应尽可能选用经过安全认证的产品,必要时宜采用低电压操作等措施,以提高安全性。其次是选择按钮颜色标记及组合原则、开关的操作图等。

防护等级的选择应视开关的具体工作环境而定。

选用按钮时应注意其颜色标记必须符合国标的规定。不同功能的按钮之间的组合关系也应符合有关标准的规定。

小　结

低压电器通常是指工作在交流电压 1 200V 及其以下或直流电压 1 500V 及其以下电路中的电器。随着经济的发展和科学技术的进步,国内外的低压电器工业都在快速地向着更高的层次迈进。

常用低压电器中,大部分为有触点的电磁式电器,本章对其共有的电磁机构和触头系统进行了详细的叙述和讨论。

低压电器种类很多,用途各异,本章着重从基本结构和工作原理、常用型号及主要技术参数、一般选用原则等几个方面介绍了熔断器、隔离器、刀开关、低压断路器、接触器、继电器和主令电器(控制按钮、行程开关、转换开关、主令控制器)等电力拖动自动控制器系统常用的配电电器和控制电器。

习　题

1.1　什么是电器?什么是低压电器?本章主要介绍了哪几种低压电器?

1.2　电器一般由哪两个基本部分组成?它们分别起什么作用?

1.3　从外部结构特征上如何区分直流电磁机构与交流电磁机构?

1.4　三相交流电磁铁有无短路环?为什么?

1.5　何为电磁机构的吸力特性和反力特性?二者应怎样配合?

1.6　触头的主要结构形式有哪两种?它们各有何特点?

1.7　电弧是怎样产生的?常用的灭弧方法有哪几种?

1.8　熔断器的作用是什么?在电路中如何连接?

1.9　使用一般熔断器时,额定电流如何选择?

1.10　隔离器、刀开关的主要功能和选用原则是什么?

1.11　使用低压断路器可以对线路和电器设备起到哪些保护作用?其额定电流应该怎样选择?

1.12　接触器的额定电流和额定电压应怎样选择?

1.13　电磁继电器与接触器有何异同?

1.14　时间继电器有何特点?按延时方式分,时间继电器有哪几种类型?

1.15　热继电器能作短路保护用吗?为什么?热继电器在电路中应怎样连接?

1.16　什么是主令电器?常用主令电器主要有哪几种?

第 2 章
国外最新低压电器简介

2.1 接近开关

接近开关又称为无触点行程开关,其功能是当某种物体与之接近到一定的距离时就发出动作信号,而不像机械行程开关那样需要施加机械力。接近开关是通过其感辨头与被测物体间介质能量的变化来取得信号的。接近开关的应用已远远超出一般行程控制和限位保护的范畴,例如用于高速计数,测速,液面控制,检测金属体的存在和测量零件尺寸以及用于无触点按钮等。即使用于一般的行程控制,其定位精度,操作频率,使用寿命和对恶劣环境的适应能力也优于一般机械式行程开关。

2.1.1 接近开关的工作原理

接近开关有电感式、电容式、超声波式和光电式等各种类型。

图 2.1 为电感式接近开关的方框图。从图中可以看出,电感式接近开关接近信号的发生机构实际上是一个 LC 振荡器,其中 L 是感辨头。当金属物体接近感辨头时,在金属物体中将产生涡流,由于涡流的去磁作用使感辨头的等效参数发生变化,改变振荡回路的谐振阻抗和谐振频率,使振荡减振并以此发出接近信号。

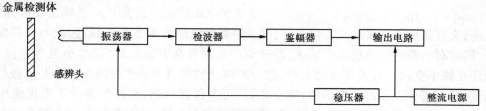

图 2.1 为电感式接近开关的方框图

超声波式接近开关的工作原理则是:开关以一定周期发送超声波脉冲,这些脉冲信号像声音一样会被物体反射回来,开关捕捉到回波并将它转换成一个输出信号。通过发射时间与接收到的反射信号时间的比较,可以确定物体到开关的距离。选择使用超声波式接近开关时要注意的是开关的工作盲区,因为从技术上讲,开关在发出超声波脉冲后,需要一定的减振时间,然后才能接收反射回来的信号。为保证开关正常工作,在盲区内不应有任何物体。

电容式接近开关和光电式接近开关的工作原理分别与电感式和超声波式类似,这里不再重述。

2.1.2　接近开关的技术指标

接近开关的技术指标有:

1)动作距离　对不同类型的接近开关的动作距离含义不同。大多数接近开关的动作距离是指开关刚好动作时感辨头与检测体之间的距离。以能量束为原理(光及超声波)的接近开关的动作距离则是指发送器与接收器之间的距离。接近开关说明书中规定的是动作距离的标准值,在常温和额定电压下,开关的实际动作值不应小于其标准值,也不能大于标准值的20%。一般动作距离在 5～30mm 之间,精度为 $5\mu m～0.5mm$。

2)重复精度　在常温和额定电压下连续进行 10 次实验,取其中最大或最小值与 10 次实验平均值之差作为接近开关的重复精度。

3)操作频率　操作频率即每秒最高操作次数。操作频率的大小与接近开关信号发生机构的原理及出口元件的种类有关。采用无触点输出形式的接近开关,操作频率主要取决于信号发生机构及电路中的其他储能元件;若为触点输出形式,则主要取决于所用继电器的操作频率。

4)复位行程　复位行程指开关从"动作"到"复位"的位移距离。

2.1.3　国外接近开关产品简介

(1)德国西门子公司(Siemens)生产的 3RG4、3RG6、3RG7 和 3RG16 系列接近开关

3RG4 系列是电感式接近开关,具有可靠、快速地检测金属物体、特别高的开关精度和操作频率以及使用寿命长等特点。它作为行程开关工作,没有运动或接触,甚至没有机械的离合动作,因此具有很高的可靠性,长期操作而无需维护,在开关频率很高的情况下,总是以足够的精度和很高的速度来执行开关动作,不论其处于怎样苛刻的环境中,使用都很灵活。该系列接近开关的外形为圆形或方形。如图 2.2 所示,其操作距离从 0.6mm 到 75mm,型号超过 1 000 种。任何特殊的要求都能够被满足。如其中的 PLC 应用型用于和可编程控制器相通讯,漏电流和电压降完全适合 PLC 的输出要求,由 PLC 提供

图 2.2　3RG4 系列接近开关外形

电源;交直流型既可采用交流供电,也可采用直流电压作为工作电源,因此与电压配备极其方便,同时对电源电压波动极不敏感;特殊型产品则有高度紧凑型(尺寸小至直径仅 3mm,适合应用在狭小空间)、开关距离增大型(感应距离达到相当于标准型的 3 倍以上)、极端环境下应用型(具有特殊浇注的紧固护罩,完全密封,可确保在油污,水溅等条件下无忧使用)、无衰减系数型(对于不同类型的金属物体,其感应距离完全一样,修正系数为 1)和适合在具有极高压力的场合使用的压力保护型等。

3RG6 系列是超声波式接近开关,在 0.06m 到 10m 的范围内可达到毫米级的精度。其工作方式有直接反射式,回归反射式,对射式几种。直接反射式是直接将被测物体作为反射器,

开关接收到被测物体反射的超声波脉冲而输出信号;回归反射式是开关与一固定的反射器(如反射盘)配合使用,当物体处于开关和反射器之间时,开关即产生输出;对射式有一个专门的发射器和接收器,当发射器和接收器间的超声波信号被物体隔断时便产生输出信号。该系列接近开关中具有模拟输出功能的还能将所测量的距离值转换成相应比例的模拟量信号(0~10v,0~20mv,4~20mv)输出。M18,紧凑 0、11、111 型开关,能够实现多个开关的同步,利用这一功能可以避免在多个开关同时工作时的相互干扰。此时,开关的使能端相互连接在一起。3RG6 系列接近开关的外形如图 2.3 所示。

图 2.3 3RG6 系列接近开关的外形

3RG7 系列是光电式接近开关,它利用可见红光,红外线或激光束工作,同其他接近开关一样,因没有电器或机械触点而造成的任何机械磨损,且在很远的距离上它们依然能够高速地反应,精确地开关至需要的开关点上,因此成为可应用在几乎任何工业领域的多面手。该系列接近开关包括直接反射式,反射镜回归反射式,对射式,颜色检出式和色标检出式等多种类型。

直接反射式把发射和接收装置集成为一体,若配合光纤电缆使用,可以检测诸如螺丝,弹簧之类的细小物体;反射镜回归反射式同样是将发射和接收装置集成于一体,和特殊的三角锥式反射镜配合使用,通过光线的极化处理,确保开关只接收来自反射镜的回归反射光线,这样当物体处于开关和反射镜之间时,就可以完全实现准确检测,这种产品常用于门、通道、传送带及汽车制造等领域;对射式开关由发射器和接受器两个独立的部分组成,光束处于反射器和接受器之间,当

图 2.4 3RG7 系列接近开关外形

被测物体阻断光线时,开关便产生信号输出,其检出距离可高达 50m,在入口监视,自动处理机械(如包装设备)和大型自动生产线等方面经常使用这种开关;颜色检出式应用光导纤维,实现对十分细小物体的检测,通过集成在开关内部的红、绿、蓝三原色光源来识别不同颜色的物体;色标检测式因不同颜色的对比(如颜色的深浅等)而产生输出,主要应用于印刷、包装等行业。3RG7 系列接近开关的外形如图 2.4 所示。

图 2.5 3RG16 系列接近开关外形

3RG16 系列是电容式接近开关,其外形如图 2.5 所示。该系列开关可用于检测任何物质。尤其适合非金属物质如玻璃、陶瓷、塑料、木材、油料、水和纸张等的检测。常用于金属处理和制瓶工艺的自动化监测以及所有日用消费品的计数、测量等。

（2）日本欧姆龙公司（Omron）生产的新型 E2E 系列圆柱形接近

新型 E2E 系列圆柱形接近开关是欧姆龙公司在原生产的
TL—X 和 E2E 两个系列接近开关的基础上生产的新产品，它同时兼容原 TL—X 和 E2E 的特点，适用范围更广。该系列接近开关的主要特点是：

①含有 218 种规格品种，从短型的 E2E 到长型的 E2E2，品种齐全，适用于各行业，可根据不同用途和目的任意选择。

图 2.6　E2E 系列接近开关的外形

②固紧强度增强，同时配备有标准金属连接器和电线保护器。

③有夜光显示，提高了指示灯的可观性，同时加长了安装螺丝的长度，有扳手易于夹住的铣刀面，使安装和维修时操作更加便利。

④使用电源的电压范围和使用温度范围与欧姆龙公司的上位机种相同。

⑤检测面采用防油材料，使用环境更广。

新型 E2E 系列接近开关的外形如图 2.6 所示。

2.2　电子式软起动器

2.2.1　电子式软起动器的发展现状、产品系列及特点

近年来国内外软起动器技术发展很快。软起动器从最初的单一软起动功能，发展到同时具有软停车、故障保护、轻载节能等功能。因此受到了普遍的关注。

（1）国内产品现状及特点

我国软起动器的技术开发是比较早的。从 1982 年起就有不少研究者在开发功率因数控制器时就包括了软起动技术。现在这些技术已成熟并有产品推出，如 JKR 软起动器及 JQ、JQZ 型交流电机固态节能起动器等，单机最大容量可达 800kW。具有斜坡恒流软起动、阶跃恒流起动、脉冲恒流起动及软停车功能，可根据电机负载变化调整电机工作电压，使电机运行于最佳状态，降低电机的有功功率、无功功率，减小负载电流，提高功率因数。在电机空载运行时节电率可达 50% 以上。在电机空载时突加全负载可在 70ms 内响应完毕。此外，对电机还有过载保护和缺相保护功能。

ST500 系列智能电机控制器，安装于终端 MCC 柜中，优化了传统的隔离开关、熔断器、接触器、热继电器组合方案，具有过载、堵转过流、欠流、不平衡或缺相、漏电、欠压等保护功能，同时具有运行和故障状态监视、保护通信单元、显示操作模块和 ST 编程器单元，具有 DP 协议接口，可直接与 DP 协议总线组网。

（2）国外产品状况及特点

目前国外的著名电气公司几乎均有软起动器产品进入中国市场。并占有较大的市场份额。

例如：ABB 公司软起动器分为 PSA、PSD 和 PSDH 型 3 种，其中 PSDH 为重载起动型，常用电机容量有 7.5 ~ 450kW。其功能主要有：起动斜坡时间设定、初始电压设定、停止斜坡时间设定、起动电流极限设定、脉冲突跳起动、大电流开断等，还有运行、故障、过载指示。

美国罗克韦尔公司的软起动器又称智能马达控制器,包括有 STC、SMC—2、SMC PLUS 和 SMC Dialog PLUS 4 个系列,额定电压 200 ~ 600V,额定电流 24 ~ 1 000A。这些控制器有斜坡起动、限流起动、全压起动、双斜坡起动、泵控制,预置低速运行,智能电动机制动,带制动的低速运行,软停车、准确停车,节能运行等功能,并有故障诊断功能。

法国施耐德电气公司 Altistart46 型软起动器有标准负载和重型负载应用两大类。额定电流从 17 ~ 1 200A 共 21 种额定值,电机功率从 2.2 ~ 800kW ,产品除具有软起动、软停车外,还具有恒定加减速功能。

德国西门子公司 3RW22、3RW30、3RW31、3RW34 型软起动器具有软起动和软停车功能,具有显示软起动和软制动过程中各项参数的能力,并具有故障识别能力。有多种性能曲线,可根据需要改变其电压上升变化的斜率,以适应多种工况的要求。其额定电流从 7 ~ 1 200A 共 19 种额定值。见图 2.7 和图 2.8。

图 2.7　3RW30/31 电子式软起动器

图 2.8　3RW34 电子式软起动器

其他国外产品有英国欧丽公司 MS2 型软起动器,电机功率从 7.5 ~ 800kW 共 22 种额定值。还有英国 CT 公司 SX 型产品和德国 AEG 公司 3DA、3DM 型产品等。

美国摩托托尼公司则以高压软起动器而著称,目前该公司的产品可达到 14 000V,功率从 400 ~ 7 500kW,电压等级分为 1 250V、2 500V、3 000V、6 000V、6 600V、6 900V、11 000V、14 000V。

2.2.2　电子式软起动器的工作原理和工作特性

(1)电子式软起动器的工作原理

电子式软起动器是利用电力电子技术、自动控制技术和计算机技术,将强电和弱电结合起来的控制技术。

图 2.9 为软起动器的原理示意图。其主要结构是一组串接于电源与被控电机之间的三相反并联晶闸管及其电子控制电路。利用晶闸管移相控制原理,控制三相反并联晶闸管的导通角,使被控电机的输入电压按不同的要求而变化,从而实现不同的起动功能。起动时,使晶闸管的导通角从 0 开始,逐渐前移,电机的

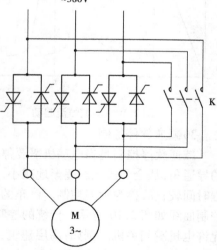

图 2.9　软起动控制器原理示意图

端电压从零开始,按预设函数关系逐渐上升,直至达到满足起动转矩而使电动机顺利起动,再

使电机全电压运行,这就是软起动控制器的工作原理。软起动器的原理示意图如图 2.9 所示。

(2)电子式软起动器的工作特性

异步电动机在软起动过程中,软起动器是通过控制加到电动机上的平均电压来控制电动机的起动电流和转矩的,起动转矩逐渐增加,转速也逐渐增加。一般软起动器可以通过设定得到不同的起动特性,以满足不同负载特性的要求。

1)斜坡恒流升压起动

斜坡恒流升压起动曲线如图 2.10 所示。这种起动方式是在晶闸管的移相电路中,引入电机电流反馈,使电机在起动过程中保持恒流、起动平稳。在电动机起动的初始阶段,起动电流逐渐增加,当电流达到预先所设定的限流值后保持恒定,直至起动完毕。起动过程中,电流上升变化的速率是可以根据电动机负载调整设定。斜坡陡,电流上升速率大,起动转矩大,起动时间短。当负载较轻或空载起动时,所需起动转矩较低,应使斜坡缓和一些,当电流达到预先所设定的限流点值后,再迅速增加转矩,完成起动。由于是以起动电流为设定值,当电网电压波动时,通过控制电路自动增大或减小晶闸管导通角,可以维持原设定值不变,保持起动电流恒定,不受电网电压波动的影响。这种软起动方式是应用最多的起动方法,尤其适用于风机、泵类负载的起动。

2)脉冲阶跃起动

脉冲阶跃起动特性曲线如图 2.11 所示。在起动开始阶段,晶闸管在极短时间内以较大电流导通,经过一段时间后回落,再按原设定值线性上升,进入恒流起动状态。该起动方法适用于重载并需克服较大静摩擦的起动场合。

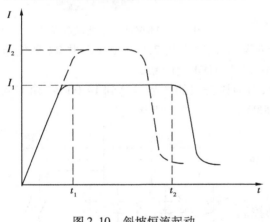

图 2.10　斜坡恒流起动

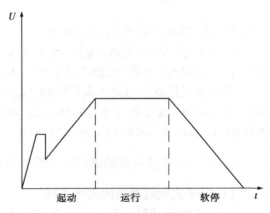

图 2.11　脉冲阶段起动

3)减速软停控制

减速软停控制是当电动机需要停机时,不是立即切断电动机的电源,而是通过调节晶闸管的导通角,从全导通状态逐渐地减小,从而使电动机的端电压逐渐降低而切断电源的。这一过程时间较长故称为软停控制。停车的时间根据实际需要可在 $0 \sim 120s$ 范围内调整。减速软停控制曲线如图 2.10 所示。传统的控制方式都是通过瞬间停电完成的。但有许多应用场合,不允许电机瞬间关机。例如:高层建筑、楼宇的水泵系统,如果瞬间停机,会产生巨大的"水锤效应",使管道甚至水泵遭到损坏。为减少和防止"水锤效应",需要电机逐渐停机,采用软起动器能满足这一要求。在泵站中,应用软停车技术可避免泵站设备损坏,减少维修费用和维修工作量。

4）节能特性

软起动器可以根据电动机功率因数的高低，自动判断电动机的负载率，当电动机处于空载或负载率很低时，通过相位控制使晶闸管的导通角发生变化，从而改变输入电动机的功率，以达到节能的目的。

5）制动特性

当电动机需要快速停机时，软起动器具有能耗制动功能。能耗制动功能即当接到制动命令后，软起动器改变晶闸管的触发方式，使交流电转变为直流电，然后在关闭主电路后，立即将直流电压加到电动机定子绕组上，利用转子感应电流与静止磁场的作用达到制动的目的。

2.2.3　电子式软起动器的用途和优点

（1）软起动器的典型用途

用于三相交流感应电动机来驱动的鼓风机、泵和压缩机的软起动和软制动。也可用它来控制带有变速机构、皮带或链带传动装置的设备，如传送带、磨床、刨床、锯床、包装机和冲压设备。

（2）软起动器应用于传动系统时具有的优点

①提高机械传动元件的使用寿命：例如，显著降低变速机构中撞击，使磨损降到轻微程度。

②起动电流小，从而使供电电源减轻峰值电流负载。

③平稳的负载加速度可防止生产事故或产品的损坏。

2.3　可编程通用逻辑控制继电器

可编程通用逻辑控制继电器是近几年发展应用的一种新型通用逻辑控制继电器，亦称通用逻辑控制模块，它将顺序控制程序预先存储在内部存储器中，用户程序采用梯形图或功能图语言编程，形象直观，简单易懂，由按钮、开关等输入开关量信号，通过顺序执行程序对输入信号进行规定的逻辑运算、模拟量比较、计时、计数等，另外还有显示参数、通信、仿真运行等功能，其集成的内部软件功能和编程软件可替代传统逻辑控制器件及继电器电路，并具有很强的抗干扰抑制能力。另外，其硬件是标准化的，要改变控制功能只需改变程序即可。因此，在继电逻辑控制系统中，可以"以软代硬"替代其中的时间继电器、中间继电器、计数器等，以简化线路设计，并能完成较复杂的逻辑控制，甚至可以完成传统继电器逻辑控制方式无法实现的功能。因此，在工业自动化控制系统、小型机械和装置、建筑电器等中广泛应用。在智能建筑中适用于照明系统、取暖通风系统、门、窗、栅栏和出入口等的控制。

可编程通用逻辑控制继电器基本型的宽度为 72mm，相当于 8 个模数的尺寸，加长型和总线型的宽度相当于 14 个模数宽，可卡装在 35mm 导轨上。常用产品主要有德国金钟-默勒公司的"easy"、西门子公司的"LOGO！"、日本松下公司的可选模式控制器——控制小灵通、存储式继电器等。

2.3.1 可编程通用逻辑继电器的特点

1)编程操作简单　只需接通电源就可以在本机上直接编程。

2)编程语言简单、易懂　只需把需要实现的功能用编程接点、线圈或功能块连接起来就行,就像使用中间继电器、时间继电器,通过导线连接一样简单方便。

3)参数显示、设置方便　可以直接在显示面板上设置、更改和显示参数。

4)输出能力大　输出端能承受10A(电阻性负载)、3A(感性负载)。

5)通信功能　可编程通用逻辑控制继电器具有 AS-i 通信功能,它可以作为远程 I/O 使用。

2.3.2 基于 LOGO 的可编程通用逻辑控制继电器的基本功能

LOGO 是德国西门子(Siemens)公司的可编程通用逻辑控制继电器系列产品,具有 29 种基本功能和特殊功能供编程(将控制线路转换为 LOGO 程序)使用。LOGO 系列包括有标准型、无显示型、模拟量型、加长型和总线型 5 个类型,电源有 12VDC、24VDC、24VAC 和 230VAC 几种,外形尺寸有 $70 \times 90 \times 55$mm 和 $126 \times 90 \times 55$mm 两种。其中,标准型为 6 点输入和 4 点输出,无显示型为 6 点输入和 4 点输出,模拟量型为 8 点输入和 4 点输出,加长型为 12 点输入和 8 点输出,总线型为 12 点输入和 8 点输出,并增加了 AS-i 总线接口,通过总线系统的 4 点输入和 4 点输出进行数据传输。

LOGO 的基本功能有 8 种,如表 2.1 所示。

表 2.1　LOGO 的基本功能

基本功能	线路图的表达	LOGO 中的表达
AND(与)	常开触点的串联	$\frac{1}{2}\frac{}{3}$ &—Q
AND 带 RLO 边缘检查		$\frac{1}{2}\frac{}{3}$ &↑—Q
NAND(与非)	常闭触点的并联	$\frac{1}{2}\frac{}{3}$ &—Q
NAND 带 RLO 边缘检查		$\frac{1}{2}\frac{}{3}$ &↓—Q
OR(或)	常开触点的并联	$\frac{1}{2}\frac{}{3}$ ≥1—Q
NOR(或非)	常闭触点的串联	$\frac{1}{2}\frac{}{3}$ ≥1—Q
XOR(异或)	双换相触点	$\frac{1}{2}$ =1—Q
NOT(非,反相器)	反相器	1—1—Q

（1）AND（与）

此功能块为只有所有输入的状态均为 1 时,输出（Q）的状态才为 1（即输出闭合）。

如果该功能块的一个输入引线未连接（X）,则将该输入赋为:X=1。

表 2.2 为 AND 的逻辑表。

（2）**AND 带 RLO 边缘检查**

只有当所有输入的状态为 1,以及在前一个周期中至少有一个输入的状态为 0 时,该 AND 带 RLO 边缘检查的输出状态才为 1。

如果该功能块的一个输入引线未连接（X）,则将该输入赋为:X=1。

（3）NAND（与非）

此功能块只有所有输入的状态均为 1 时,输出（Q）的状态才为 0。

如果该功能块的一个输入引线未连接（X）,则将该输入赋为:X=1。

表 2.3 为 NAND 的逻辑表。

（4）**NAND 带 RLO 边缘检查**

只有当至少有一个输入的状态为 0,以及在前一个周期中所有输入的状态都为 1 时,该 NAND 带 RLO 边缘检查的输出状态才为 1。

如果该功能块的一个输入引线未连接（X）,则将该输入赋为:X=1。

（5）OR（或）

此功能块为输入至少有一个状态为 1（即闭合）,则输出（Q）为 1。

如果该功能块的一个输入引线未连接（X）,则该输入赋为:X=0。

表 2.4 为 OR 的逻辑表。

（6）NOR（或非）

此功能块只在所有输入均断开（状态 0）时,输出才接通（状态 1）;若任意一个输入接通（状态 1）,则输出断开（状态 0）。

如果该功能块的一个输入引线未连接（X）,则将该输入赋为:X=0。

表 2.5 为 NOR 的逻辑表。

（7）XOR（异或）

此功能块为当输入的状态不同时,输出的状态为 1。

如果该功能块的一个输入引线未连接（X）,则将该输入赋为:X=0。

表 2.6 为 XOR 的逻辑表。

（8）**NOT（非、反相器）**

此功能块输入状态为 0,则输出（Q）为 1,反之亦然。换句话说,NOT 是输入点的反相器。

表 2.2　AND 的逻辑表

1	2	3	Q
0	0	0	0
0	0	1	0
0	1	0	0
0	1	1	0
1	0	0	0
1	0	1	0
1	1	0	0
1	1	1	1

表 2.3　NAND 的逻辑表

1	2	3	Q
0	0	0	1
0	0	1	1
0	1	0	1
0	1	1	1
1	0	0	1
1	0	1	1
1	1	0	1
1	1	1	0

表 2.5　NOR 的逻辑表

1	2	3	Q
0	0	0	1
0	0	1	0
0	1	0	0
0	1	1	0
1	0	0	0
1	0	1	0
1	1	0	0
1	1	1	0

表 2.4　OR 的逻辑表

1	2	3	Q
0	0	0	0
0	0	1	1
0	1	0	1
0	1	1	1
1	0	0	1
1	0	1	1
1	1	0	1
1	1	1	1

NOT 的逻辑表

XOR 的逻辑表

1	Q
0	1
1	0

1	2	Q
0	0	0
0	1	1
1	0	1
1	1	0

该功能块的优点是,LOGO 不再需要任何常闭触点,只需要常开触点时,应用 NOT 功能可将常开触点反相为常闭触点。表 2.7 为 NOT 的逻辑表。

2.3.3 基于 LOGO 的可编程通用逻辑控制继电器的特殊功能

LOGO 的特殊功能包括时间功能、记忆功能和程序中使用的各种参数化选择,共有 21 种,如表 2.8 所示。

表 2.8 LOGO 的特殊功能

特殊功能	线路图表示	LOGO 中的表示
接通延时	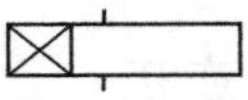	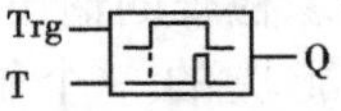
断开延时	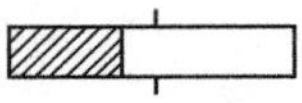	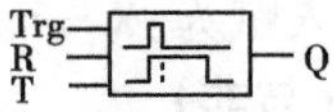
通/断延时		
保持接通延时继电器	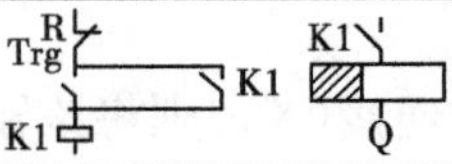	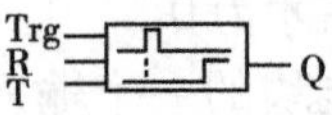
RS 触发器	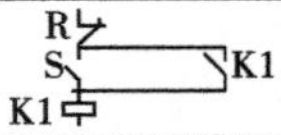	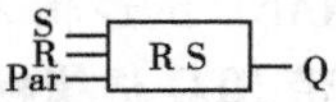
脉冲触发器	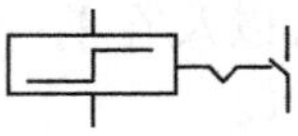	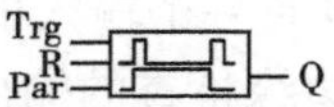
脉冲继电器/脉冲输出		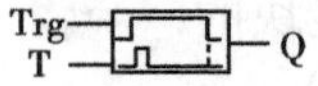
边缘触发延时继电器		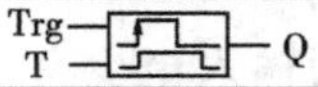
时钟	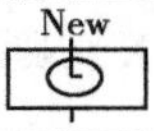	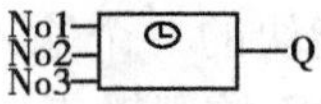
日历触发开关		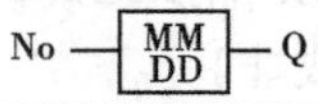
加/减计数器		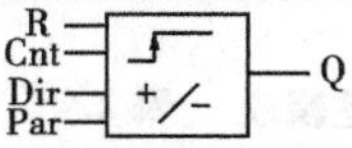
运行时间计数器		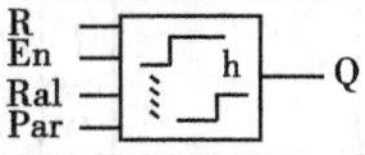
对称时钟脉冲发生器	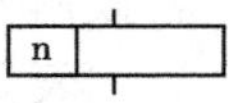	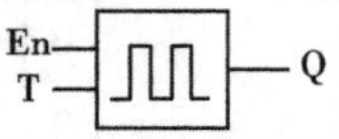
异步脉冲发生器		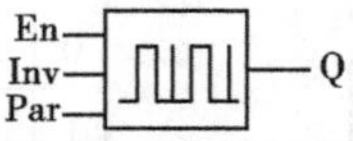
随机发生器		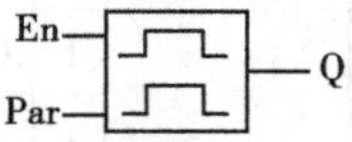
频率发生器		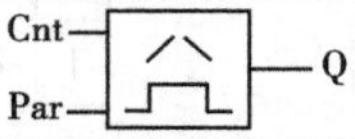
模拟量触发器		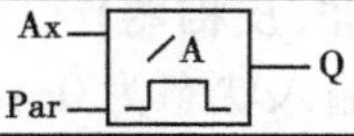

续表

特殊功能	线路图表示	LOGO 中的表示
模拟量比较器		Ax Ay Par — ΔA — Q
楼梯照明开关		Trg T — Q
双功能开关		Trg Par — Q
文本/参数显示		En Nr Par — Q

(1)接通延时

当 Trg 输入的状态从 0 变为 1 时,定时器 T 开始计时(T 为 LOGO 内部定时器)。如果 Trg 输入保持 1 至少为参数 T 时间,则经过定时时间 T 后,输出设置为 1(输入接通到输出接通之间有时间延迟,故称为接通延迟)。如果 Trg 输入的状态在定时时间到达之前变为 0,则定时器复位。

当 Trg 输入状态为 0 时,输出复位为 0。

电源故障时,定时器复位。

(2)断开延时

当 Trg 输入接通状态为 1,输出(Q)立即变为状态 1。如果 Trg 输入从 1 变为 0,LOGO 内部定时器 T 启动,输出(Q)仍保持为状态 1,T 时间到达设置值时,输出(Q)复位为 0。如果 Trg 输入再次从接通到断开,则定时器再次启动。在定时时间到达之前,通过 R(复位)输入可复位定时器和输出。

电源故障时,定时器复位。

(3)通/断延时

当 Trg 输入的状态由 0 变为 1 时,定时器 T_H 启动。如果 Trg 输入的状态至少在 T_H 的定时时间内保留为 1 时,T_H 定时时间到达之后,输出设置为 1(输入接通到输出接通之间有时间延迟)。如果 Trg 输入的状态在 T_H 的定时时间到达之前变为 0,则定时器复位。

当输入的状态为 0 时,定时器 T_L 启动。如果 Trg 输入的状态在 T_L 定时时间内保留为 0 时,T_L 定时时间到达之后,输出设置为 0(输入断开到输出断开之间有时间延迟)。如果在 T_L 定时时间到达之前,Trg 输入的状态返回到 1,则定时器复位。

电源故障时,定时器复位。

(4)保持接通延时继电器

如果 Trg 输入的状态从 0 变为 1,则定时器 T 启动。当定时时间到达后,输出(Q)置位为 1,Trg 输入的另一个开关操作(即从 1 变为 0)对 T 没有影响,直到 R 输入再次变为 1 时,输出(Q)和定时器 T 才复位为 0。

电源故障时,定时器复位。

(5)RS 触发器

R 输入(复位)将输出(Q)复位为 0,S 输入(置位)将输出(Q)置位为 1,若 S 和 R 同时为

1,则输出(Q)为0(即复位优先级高于置位),若 S 和 R 同时为 0,则输出状态保持为原数值。

Par 参数用于接通或断开掉电保持功能。如果掉电保持功能被接通,则在电源故障后,故障前的有效信号设置在输出端。

(6)脉冲触发器

输出由输入的一个短脉冲进行置位和复位。当 Trg 输入的状态从 0 变为 1 时,输出(Q)的状态也随之从 0 变为 1 并保持到第二个短脉冲输入,即 Trg 输入的状态再次从 0 次变为 1 时,输出(Q)的状态也随之从 1 变为 0。

通过 R 输入可将脉冲触发器复位为初始状态即输出设置为 0。

电源故障后,如果未接通掉电保持功能,则脉冲触发器复位,输出 Q 变为 0。

(7)脉冲继电器/脉冲输出

当 Trg 输入状态为 1,Q 输出立即为状态 1,同时定时器 T 启动而输出保持为 1,当 T 的定时时间到时,输出复位为 0(脉冲输出)。

如果在 T 的定时时间到达前 Trg 输入由 1 变为 0,则输出立即从 1 变为 0。

(8)边缘触发延时继电器

当 Trg 输入接通状态为 1,输出(Q)立即变为状态 1,同时 T 启动运行。待 T 的定时时间到达时,输出 Q 才复位为 0(脉冲输出)。

如果 T 的定时时间未到,Trg 输入再次从 0 变为 1,则 T 复位后重新启动,而输出仍保持 1 状态直到 T 的定时时间到达后再复位为 0。

(9)时钟

每个时间开关可以设置 3 个时间段(No1、No2 和 No3),在接通时间时,如果输出未接通则时间开关将输出接通;在断开时间时,如果输出未断开则时间开关将输出断开。

如果在一个时间段上设置的接通时间与另一个时间段上设置的断开时间相同,则接通时间与断开时间发生冲突。此时,时间段 3 优先权高于时间段 2,时间段 2 优先权高于时间段 1。

(10)日历触发开关

由 No 输入,No 参数为日历触发开关设置时间段的接通和断开时间(接通和断开时间的第一个值标明月份,第二个值标明日期)。在接通时间,日历触发开关将输出置位,在断开时间,将输出断开。断开日期即输出复位为 0 的日期。

(11)加/减计数器

通过 R(复位)输入复位内部计数器值并将输出清零。在 Cnt(计数)输入时,计数器只计数从状态 0 到状态 1 的变化,而从状态 1 到状态 0 的变化是不计数的,输入连接器最大的计数频率为 5Hz。通过 Dir(方向)输入来指定计数的方向,Dir = 0 为加计数,Dir = 1 为减计数。Par 参数的 Lim 为计数阈值,当内部计数器到达该值,输出置位,Rem 激活掉电保持。当计数值到达时,输出(Q)接通。

(12)运行时间计数器

R = 0,Ral 不等于 1 时,允许计数。R = 1 时停止计数。通过 R(复位)输入复位输出。

En 是监视输入。LOGO 测量输入为 En 置位状态的时间。

Ral = 0,R 不等于 1 时,允许计数。Ral = 1 时停止计数。通过 Ra1(全部复位)复位计数器和输出。

Par 参数 M_1 以小时设定服务区间,M_1 可以为 0 ~ 9 999 小时之间的任何数。服务时间到时,Q 输出置 1。

(13)对称时钟脉冲发生器

通过 T 参数设定输出脉冲的通断时间。通过使能端 En 输入使对称时钟脉冲发生器工作。时钟脉冲发生器输出为 1 并保持 T 时间,然后输出为 0,同样保持 T 时间。如此周期运行,直到使能端(En)输入为 0 时,对称脉冲发生器停止工作,输出 Q 为 0。

(14)异步脉冲发生器

用 Par 参数设置脉冲持续时间 T_H 和脉冲间隔时间 T_L。通过 En 输入使异步脉冲发生器工作。1nv 输入用于异步脉冲发生器运行时将其输出信号反转。

(15)随机发生器

用 Par 参数将接通延时时间随机地设定在 OS 至 T_H 之间,断开延时时间随机地设定在 OS 至 T_L 之间。

En 输入从 0 变到 1 时,则在 OS 至 T_H 之间随机确定一个时间作为接通延时时间,并启动随机发生器。如果在接通延时时间内,En 状态保持为 1,则在接通延时时间结束后输出置位为 1(如果在接通延时时间结束前 En 输入状态变回为 0,则定时器复位)。

En 输入再从 1 变回为 0 时,则在 OS 至 T_L 之间随机确定一个时间作为断开延时时间,并启动随机发生器。如果在断开延时时间内,En 状态保持为 0,则在断开延时时间结束后输出置位为 0(如果在断开延时时间结束前 En 输入状态返回到 1,则定时器复位)。

电源故障时,已经过的时间被复位。

(16)频率触发器

用 Par 参数设定接通阈值 SW↑,断开阈值 SW↓和测量脉冲的时间区间 G—T。

Fre 输入提供需计数的脉冲。

阈值开关测量 Fre 输入的信号,如果在时间 G—T 内测量的脉冲数大于接通阈值,则输出接通,如果在时间 G—T 内测量的脉冲数小于或等于断开的阈值,则输出断开。

(17)模拟量触发器

用 Par 参数设定接通阈值 SW↑和断开阈值 SW↓,在 A_x 输入需要计算的模拟量信号,如果模拟量值超出参数化的接通阈值,则输出开关接通(ON),如果模拟量值回落到参数化断开阈值以下,则输出开关断开(OFF)。

(18)模拟量比较器

用 Par 参数设定阈值 Δ,在 A_x 和 A_y 输入口加上需要比较计算其差值的模拟量信号,如果 A_x 和 A_y 的差值($A_x - A_y$)超出设定的阈值,输出开关接通(ON)。

(19)楼梯照明开关

利用 Trg 输入脉冲,启动楼梯照明开关(Q 置位 1),当 Trg 状态从 1 变为 0 时,T 启动,T 的定时时间到达前 15 秒,Q 输出从 1 变为 0,持续 1 秒再变为 1,待 T 的定时时间到达时,Q 输出复位为 0。如果 T 的定时时间未到达时,再次启动 Trg 输入,则 T 被复位。

电源故障时,已经过的时间复位。

(20)双功能开关

此开关有 2 种不同的功能:带断开延时的当前脉冲和长久照明功能。

通过 Trg 输入(断开延时或长久照明),使 Q 输出接通,当 Q 输出为开时,可通过 Trg 使它复位。

Par 参数设定输出断开的延时时间 T_H 和从输入到使长久照明功能启动的时间。

当 Trg 输入状态从 0 变为 1 时,T 启动,Q 输出置位为 1,Trg 输入状态从 1 变为 0 时,Q 仍为 1,要 T 到 T_H 时,输出才复位为 0(断开延时)。如果 T 未到 T_H 时,Trg 再次从 0 变为 1,则 Q 和 T 同时复位。

电源故障时,经过的时间被复位。

当 Trg 输入状态从 0 变为 1,且 1 状态保持至少 T_L 时间,则激励长久照明功能,Q 输出开关持久接通,要待 Trg 再次从 0 变为 1 时,Q 输出开关才被关断。

(21)文本/参数显示

当 En 输入从 0 变为 1 时,启动信息文本的输出,已经参数化了的信息文本在 RUN 方式下显示,如果输入状态从 1 变为 0,则不显示信息文本。Q 的状态和 En 输入状态保持一致。

P 参数是信息文本的优先权,Par 是信息输出的文本。如果在 En =1 时触发几个信息文本(最多有 5 个信息文本功能),则显示具有最高优先权的信息文本。若按 ▼ 键,则依次显示低优先权的信息。

2.4　固体继电器

固体继电器简称 SSR,是一种采用固体半导体元件组装而成的新颖的无触点开关。它因为具有一系列优点,所以不仅在许多自动化控制装置中代替了常规机电式继电器,而且广泛应用于数字程控装置、微电机控制、调温装置、数据处理系统及计算机终端接口电路,尤其适用于动作频繁、防爆耐潮和耐腐蚀等特殊场合。

2.4.1　固体继电器的特点

固体继电器具有如下主要特点:

(1)控制功率小

只需输入很小的工作电流,SSR 便能正常工作,并能方便地与 TTL、DTL、HTL 和 CMOS 集成电路相配合,广泛应用于各种电子设备中。其输出部分采用大功率晶体管或可控硅元件来控制、接通或断开负载和电源,具有很大的功率放大作用。

(2)可靠性高

由于 SSR 无触点,接触电阻小,因而工作可靠性高。它采用绝缘防水材料浇铸,适合在潮湿和有腐蚀性气体的场合使用。SSR 内部没有可动部件,因而具有耐振动和抗冲击的能力。

(3)抗干扰能力强

SSR 对系统的干扰小,同时自身抗干扰能力也强。它没有接点跳动,消除了因火花导致的电磁干扰。另外,由于交流型 SSR 采用了过零触发技术,具有零电压、零电流断开的特性,从而能有效地降低线路中的 dv/dt 和 di/dt,使得它对外界的电磁干扰降到最低限度。此外,由于 SSR 在输入与输出之间采取了光电隔离等措施,其抗干扰能力也相应明显提高。

(4)动作快

SSR 由电子元件组成,响应快,对直流 SSR,响应时间小于几十微秒,比电磁继电器的速度提高近千倍。对过零交流 SSR,其转换时间也不大于市电周期的一半(即十毫秒)。

(5)寿命长

SSR 属于永久性或半永久性电子器件,若使用得当,其寿命一般为 $10^{12} \sim 10^{13}$ 次,比普通电磁继电器使用寿命(一般为 $10^5 \sim 10^6$ 次)要高得多。

(6)能承受的浪涌电流大

SSR 能承受的浪涌电流可为其额定值的 6～10 倍。

(7)对电源电压的适应范围广

交流型 SSR 的工作电压可以在 30～220V 内任意选择。

(8)耐压水平高

SSR 输入与输出之间的介质耐压可达 2.5kV 以上。

需要指出的是,尽管 SSR 有上述众多优点,但与传统的机电式继电器相比,仍有不足之处,如漏电流大,接触电压大,触点单一,使用温度范围窄,过载能力差及价格偏高等。

2.4.2　固体继电器的分类及工作原理

(1)固体继电器的分类

①按切换负载性质分,有直流和交流两种。

按输入与输出的隔离分,有光电隔离和干簧继电器隔离两种。

②按过零功能及控制方式分,有电压过零开电流过零关的交流 SSR 和电流过零关随机导通的交流 SSR。此外,还有非过零型交流 SSR。

③按封装结构分,有塑封型、金属壳全密封型、环氧树脂灌封型和无定型封装型 SSR 等。

此外,还有一些其他分类方式,如以开关触点形式分,有常开式 SSR 和常闭式 SSR;以外形结构分,有针孔焊接式 SSR、装置式 SSR、插接式 SSR 及双列直插式 SSR 等。针孔焊接式 SSR 和双列直插式 SSR 的输出端开断容量在 3A 以下,可在印刷电路板上直接安装焊接,且不需散热板,一般为全塑封装形式;插接式 SSR 需配有专用插接件,使用时只要插入配套的插件即可;装置式 SSR 适合在配电板上安装,其容量在 5～40A 之间,一般要配有大面积的散热板。如以采用的元器件来分,还有分立元件组装的 SSR、厚膜电路组成的 SSR、单片集成电路型 SSR 和以光控可控硅及光控晶体管组成的 SSR 等。

(2)固体继电器的工作原理

现以具有电压过零功能的 SSR 为例来说明。图 2.12 是应用得较多的交流过零型固体继电器的内部电路原理图。当无输入信号时,GD 中的光敏三极管截止。VT 通过 R_3 获得基极电流而饱和导通,VS_1 处于关断状态。当有输入信号时,光敏三极管导通,VS_1 的状态由 VT 决定,当电源电压大于过零电压时,分压器 R_3、R_2 的分压点 P 电压大于 V_{be1},VT 饱和导通,VS_1 截止,VS_2 因控制极没有触发脉冲而处于关断状态。只有电源电压小于过零电压,P 点电压小于 V_{be1} 使 VT 截止,VS_1 控制极通过 R_4 获得触发信号而导通时,VS_2 的控制极才会获得从 $R_6 \rightarrow UR \rightarrow VS_1 \rightarrow UR \rightarrow R_5$ 以及 $R_5 \rightarrow UR \rightarrow VS_1 \rightarrow UR \rightarrow R_6$ 正负两个方向的触发脉冲而导通,从而接通负载电源。当输入信号关断后,GD 中的光敏三极管截止,VT 饱和导通使 VS_1 关断,但是此时 VS_2 仍保持导通状态,负载上仍有电流流过,直到负载电流随 V_{out} 减小到小于 VS_2 的维持电流后才会自行关断,切断负载电源。

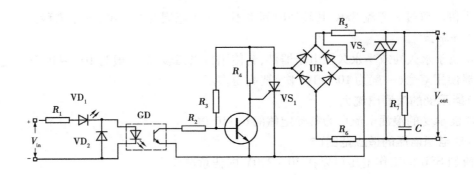

图 2.12   交流过零型固体继电器内部电路原理图

2.4.3   欧姆龙公司固体继电器产品简介

欧姆龙公司生产的固体继电器主要有 G3NA、G3PA（—VD）、G3F/G3FD、G3H/G3HD 和 G3J-S 几种产品,它们的特点和主要技术数据如表2.9 所示。

表 2.9

型 号	特点/重量	接　　点				额 定输 入	功 能	端 子
		隔离	电压负载	电流泄漏	最大切换电 流			
G3NA	多输入标准固体继电器;提供端子保护盖。重 70～80g	光耦合器	24～240 200～480 VAC	5mA 100VAC 10mA 200VAC 20mA 400VAC	5,10 A 20,40 A	100～240VAC 5～24VDC	零交叉,操作指示器,内置变阻器	螺丝端子面板安装
			5～200VDC	5mA 200VDC	10A		操作指示器	
G3PA （—VD）	单块构造,带散热器;亚小型;薄型固体继电器;可更换电源筒。重约 260～410g	光耦合器	24～240VAC	5mA, 100VAC 10mA, 200VAC	10,20A	5～24VDC	零交叉,操作指示器,内置变阻器	螺丝端子面板安装（DIN 轨）
				10mA, 100VAC 20mA, 200VAC	40,60A			
			180～400VAC	10mA, 200VAC 20mA, 400VAC	20,30A	12～24VDC		
G3F/ G3FD	与欧姆龙的 MY 继电器兼容。重约50 克	光耦合器	4～48VDC	5mA, 50VDC	3 A	5～24VDC 4～24VDC	操作指示器	插入式插座安装 PYF08A—E
			5～110VDC	0.1mA, 100VDC	2 A	100/ 110VAC 220/ 220VAC 5～24VDC 4～24VDC		

续表

型　号	特点/重量	接　　点				额　定输　入	功　能	端　子
		隔离	电压负载	电流泄漏	最大切换电流			
G3H/G3HD	与欧姆龙的 LY 继电器兼容。重约50克	光耦合器	100～240VAC	5mA,100VAC10mA,200VAC	3A	5～24VDC	零交叉,操作指示器	插入式插座安装PTF08—E
		光电双向可控硅开关		2.5mA,100VAC5mA,200VAC		5,12,24VDC		
		光耦合器	4～48VDC	5mA,50VDC		5～24VDC		
G3J-S	可以软起动;可以与一个热过载继电器安装在一起。重约73克	光电双向可按硅开关	380～400VAC	100mA,400VAC	5.5,2.4A	12～24VDC	操作指示器,内置变阻器	螺丝端子面板安装（DIN 轨）
			200～220VAC	100mA,200VAC	11.1,4.8A			

小　结

接近开关(无触点行程开关)、电子式软起动器、可编程通用逻辑控制继电器和固体继电器是近年来发展和生产的几种新型的低压电器。本章从特点、原理、主要技术指标、基本功能和用途以及德国西门子、日本欧姆龙等国外公司的相应产品等方面分别对它们进行了介绍。为了不断优化和改进控制线路,应及时了解和掌握国内外电器的发展动向,选用先进的电器产品。

习　题

2.1　接近开关主要有哪几种类型? 它们是根据什么原理进行工作的?

2.2　西门子公司和欧姆龙公司生产的接近开关主要有哪几种型号? 它们有何特点?

2.3　可编程逻辑控制继电器是一种什么电器? 它有何特点?

2.4　西门子公司生产的 LOGO! 可编程通用逻辑控制继电器有些什么功能? 用 LOGO!的功能块表示如下线路:

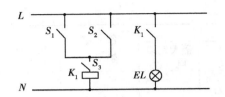 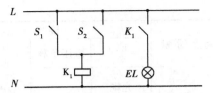

线路中,S_1,S_2,S_3 为开关,K_1 为继电器,EL 为灯,要求线路中的灯亮完 2min 后熄灭。

2.5 什么是固体继电器?以具有电压过零功能的固体继电器为例说明固体继电器的工作原理。

2.6 欧姆龙公司生产的固体继电器主要有哪几种产品?它们各有何特点?

2.7 电子式软起动器的特点?

2.8 电子式软起动器的工作原理和工作特性?

2.9 电子式软起动器的优点?

第**3**章
基本电气控制线路

在工业、农业、交通运输等部门中,广泛使用着各种生产机械,它们大都以电动机作为动力来进行拖动。电动机是通过某种自动控制方式来进行控制的,最常见的是继电接触器控制方式,又称电气控制。

电气控制线路是把各种有触点的接触器、继电器、按钮、行程开关等电器元件,用导线按一定方式连接起来组成的控制线路。它的作用是实现对电力拖动系统的起动、调速、反转和制动等运行性能的控制;实现对拖动系统的保护;满足生产工艺要求;实现生产过程自动化。其特点是:线路简单,设计、安装、调整、维修方便,便于掌握,价格低廉,运行可靠。因此,电气控制线路在工矿企业的各种生产机械的电气控制领域中,仍然得到广泛的应用。

由于生产设备和加工工艺各异,因而所要求的控制线路也多种多样、千差万别。但是无论哪一种控制线路,都是由一些比较简单的基本控制环节组合而成的。因此,只要通过对控制线路的基本环节以及对典型线路的剖析,由浅入深、由易到难地加以认识,再结合具体的生产工艺要求,就不难掌握电气控制线路的分析阅读方法和设计方法。

3.1　电气控制线路的绘制

电气控制线路是用导线将电机、电器、仪表等电器元件按一定的要求和方法联系起来,并能实现某种功能的电气线路。为了表达生产设备电气控制系统的结构、原理等设计意图,为了便于进行电器元件的安装、调整、使用和维修,将电气控制线路中各电器元件的连接用一定的图表达出来。在图上用不同的图形符号来表示各种电器元件,用不同的文字符号来进一步说明图形符号所代表的电器元件的基本名称、用途、主要特征及编号等。因此,电气控制线路应根据简明易懂的原则,采用统一规定的图形符号、文字符号和标准画法来进行绘制。

3.1.1　常用电气图的图形符号和文字符号

在绘制电气线路图时,电气元件的图形符号和文字符号必须符合国家标准的规定,不能采用旧符号和任何非标准符号。本书所用图形符号符合 GB4728《电气图用图形符号》的规定,一些常用电气图所用的图形符号如表3.1所示。本书所用文字符号符合 GB7159—87《电气技术中的文字符号制订通则》的规定,一些常用电工设备文字符号如表 3.2 和表 3.3 所示。

表 3.1　常用电气图形符号

符号名称	图形符号	符号名字	图形符号
直流		导线的交叉连接 ①单线表示法	
直流 当上面直流符合在某些场合会引起混乱时,则使用本直流符号			
交流		导线的交叉连接 ②多线表示法	
交直流			
正极		导线的不连接 ①单线表示法	
负极			
接地一般符号		导线的不连接 ②多线表示法	
接机壳或接底板	形式1 形式2	不需要示出电缆芯数的电缆终端头	
导线		电阻器	
柔软导线		可变电阻器 可调电阻器	
导线的连接	●		
端子 注:必要时圆圈可画成圆黑点	○	滑动触点电位器	
预调电位器		N 型沟道结型场效应半导体管	
具有固定抽头的电阻			
分流器		P 型沟道结型场效应半导体管	
电容器一般符号 注:如果必须分辨同一电容器的电极时,弧形的极板表示:①在固定的纸介质和陶瓷介质电容器中表示外电极;②在可调和可变的电容器中表示动片电极;③在穿心电容器中表示低电位电极	优选形 其他形	光电二极管	
		光电池	
		三极晶体闸流管	

续表

符号名称	图形符号	符号名字	图形符号
极性电容器	优选形	原电池或蓄电池	
	其他形	旋转电机的绕组 ①换相绕组或补偿绕组 ②串励绕组 ③并励或他励绕组	
可变电容器 可调电容器	优选形		
	其他形	集电环或换向器上的电刷 注:仅在必要时标出电刷	
电感器		旋转电机一般符号: 　　符号中的星号必须用下述字母代替:C 同步发电机;G 发电机;GS 同步发电机;M 电动机;MS 同步电动机;SM 伺服电机;TG 测速发电机	
带磁芯的电感器			
半导体二极管			
PNP 型半导体管			
NPN 型半导体管		三相鼠笼式感应电动机	
他励直流电动机		串励直流电动机	
电抗器、扼流圈		动合(常开)触点开关 一般符号,两种形式	
双绕组变压器		动断(常闭)触点	
电流互感器 脉冲变压器		先断后合的转换触点	
三相变压器 星形- 三角形联结		中间断开的双向触点	
		当操作器件被吸合时,延时闭合的动合触点形式	
电机扩大机		当操作器件被释放时,延时断开的动合触点形式	

续表

符号名称	图形符号	符号名称	图形符号
多极开关一般符号 单线表示		当操作器件被释放时,延时闭合的动断触点形式	
多线表示		当操作器件被吸合时,延时断开的动断触点形式	
接触器(在非动作位置触点闭合)		吸合时延时闭合和释放时延时断开的动合触点	
断路器		带复位的手动开关(按钮)形式	
隔离开关		双向操作的行程开关	
接触器(在非动作位置触点断开)		热继电器的触点	
操作器件一般符号		手动开关	E-╲
熔断器一般符号		电压表	Ⓥ
熔断式开关		转速表	
熔断式隔离开关		力矩式自整角发送机	
火花间隙		灯 信号灯	⊗
避雷器		电喇叭	
缓慢吸合继电器的线圈		信号发生器 波形发生器	Ⓖ
位置开关的动合触点		电流表	Ⓐ
位置开关的动断触点		脉冲宽度调制	
		放大器	

表 3.2 常用电气文字符号

名称	文字符号 （BG7159—87）	名称	文字符号 （GB7159—87）
分离元件放大器	A	电抗器	L
晶体管放大器	AD	电动机	M
集成电路放大器	AJ	直流电动机	MD
自整角机旋转变压器	B	交流电动机	MA
旋转变压器	BR	电流表	PA
电容器	C	电压表	PV
双(单)稳压元件	D	电阻器	R
热继电器	FR	控制开关	SA
熔断器	FU	选择开关	SA
旋转发电机	G	按钮开关	SB
同步发电机	GS	行程开关	SQ
异步发电机	GA	三极隔离开关	QS
蓄电池	GB	单极开关	Q
接触器	KM	刀开关	Q
继电器	KA	电流互感器	TA
时间继电器	KT	电力互感器	TM
电压互感器	TV	信号灯	HL
电磁铁	YA	发电机	G
电磁阀	YV	直流发电机	GD
电磁吸盘	YH	交流发电机	GA
接插器	X	半导体二极管	V
照明灯	EL		

表 3.3 常用辅助文字符号（GB777159—87）

名称	文字符号	名称	文字符号
交流	AC	直流	DC
自动	A 或 AUT	接地	E
加速	ACC	快速	F
附加	ADD	反馈	FB
可调	ADJ	正,向前	FW
制动	B 或 BRK	输入	IN
向后	BW	断开	OFF
控制	C	闭合	ON
延时(延迟)	D	输出	OUT
数字	D	起动	ST

3.1.2　电气线路图

电气控制线路的表示方法有两种,一种是安装图,一种是原理图。由于它们的用途不同,绘制原则亦有所差别。这里重点介绍电气原理图。

绘制电气控制线路原理图,是为了便于阅读和分析线路。它是采用简明、清晰、易懂的原则,根据电气控制线路的工作原理来绘制的。图中包括所有电器元件的导电部分和接线端子,但并不按照电器元件的实际布置来绘制。

电气原理图一般分为主电路和辅助电路两个部分。主电路是电气控制线路中强电流通过的部分,是由电机以及与它相连接的电器元件(如组合开关、接触器的主触点、热继电器的热元件、熔断器等)所组成的线路图。辅助电路包括控制电路、照明电路、信号电路及保护电路。辅助电路中通过的电流较小。控制电路是由按钮、接触器、继电器的吸引线圈和辅助触点以及热继电器的触点等组成。这种线路能够清楚地表明电路的功能,对于分析电路的工作原理十分方便。

绘制电气原理图应遵循以下原则:

①所有电机、电器等元件都应采用国家统一规定的图形符号和文字符号来表示。

②主电路用粗实线绘制在图面的左侧或上方,辅助电路用细实线绘制在图面的右侧或下方。无论是主电路还是辅助电路或其他元件,均应按功能布置,尽可能按动作顺序排列。对因果次序清楚的简图,尤其是电路图和逻辑图,其布局顺序应该是从左到右、从上到下。

③在原理图中,同一电路的不同部分(如线圈、触点)分散在图中,为了表示是同一元件,要在电器的不同部分使用同一文字符号来标明。对于几个同类电器,在表示名称的文字符号后或下标加上一个数字序号,以示区别,如 K_1、K_2 等。

④所有电器的可动部分均以自然状态画出。所谓自然状态是指各种电器在没有通电和没有外力作用时的状态。对于接触器、电磁式继电器等是指其线圈未加电压,而对于按钮、行程开关等,则是指其尚未被压合。

⑤原理图上应尽可能减少线条和避免线条交叉。各导线之间有电的联系时,在导线的交点处画一个实心圆点。根据图面布置的需要,可以将图形符号旋转 90°或 180°或 45°绘制,即图面可以水平布置,或者垂直地布置,也可以采用斜的交叉线。

一般来说,原理图的绘制要求层次分明,各电器元件以及它们的触头的安排要合理,并应保证电气控制线路运行可靠,节省连接导线,以及施工、维修方便。

3.1.3　阅读和分析电气控制线路图的方法

阅读电气线路图的方法主要有两种:查线读图法(直接读图法或跟踪追击法)和逻辑代数法(间接读图法)。这里重点介绍查线读图法,通过具体对某个电气控制线路的剖析,学习阅读和分析电气线路的方法。

在此,有必要对执行元件、信号元件、控制元件和附加元件的作用和功能加以说明,因为电气控制线路主要是由它们组成的。

执行元件主要是用来操纵机器的执行机构。这类元件包括电动机、电磁离合器、电磁阀、电磁铁等。

信号元件用于把控制线路以外的其他物理量、非电量(如机械位移、压力等)的变化转换为电信号或实现电信号的变换,以作为控制信号。这类元件有压力继电器、电流继电器和主令电器等。

控制元件对信号元件的信号以及自身的触点信号进行逻辑运算,以控制执行元件按要求进行工作。控制元件包括接触器、继电器等。在某些情况下,信号元件可用来直接控制执行元件。

附加元件主要用来改变执行元件(特别是电动机)的工作特性,这类元件有电阻器、电抗器及各类起动器等。

(1)查线读图法

1)了解生产工艺与执行电器的关系

电气线路是为生产机械和工艺过程服务的,不熟悉不清楚被控对象和它的动作情况,就很难正确分析电气线路。因此在分析电气线路之前,应该充分了解生产机械要完成哪些动作,这些动作之间又有什么联系,即熟悉生产机械的工艺情况。必要时可以画出简单的工艺流程图,明确各个动作的关系。此外,还应进一步明确生产机械的动作与执行电器的关系,给分析电气线路提供线索和方便。

例如车床主轴转动时,要求油泵先给齿轮箱供油润滑,即应保证在润滑泵电动机起动后才允许主拖动电机起动,也就是控制对象对控制线路提出了按顺序工作的联锁要求。图 3.1 为主拖动电动机与润滑泵电机的联锁控制线路图。其中电动机 M_2 是拖动油泵供油的,M_1 是拖动车床主轴的。

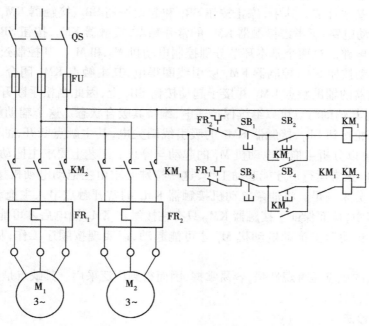

图 3.1　主拖动电机与润滑泵电机的联锁控制

2)分析主电路

在分析电气线路时,一般应先从电动机着手,即从主电路看有哪些控制元件的主触点、电阻等,然后根据其组合规律就大致可以判断电动机是否有正反转控制、是否制动控制、是否要求调速等。这样,在分析控制电路的工作原理时,就能做到心中有数,有的放矢。

在图 3.1 所示的电气线路的主电路中,主拖动电动机 M_1 电路主要由接触器 KM_2 的主触点和热继电器 FR_1 组成。从图中可以断定,主拖动电动机 M_1 采用全压直接起动方式。热继电器 FR_1 做电动机 M_1 的过载保护,并由熔断器 FU 担任短路保护。

油泵电动机 M_2 电路主要是由接触器 KM_1 的主触点和热继电器 FR_2 组成,该电动机也是采用直接起动方式,并由热继电器 FR_2 做其过载保护,由熔断器 FU 做其短路保护。

3)读图和分析控制电路

在控制电路中,根据主电路的控制元件主触点文字符号,找到有关的控制环节以及环节间的相互联系。通常对控制电路多半是由上往下或由左往右阅读。然后,设想按动了操作按钮(应记住各信号元件、控制元件或执行元件的原始状态),查对线路(跟踪追击)观察有哪些元件受控动作。逐一查看这些动作元件的触点又是如何控制其他元件动作的,进而驱动被控机械或被控对象有何运动。还要继续追查执行元件带动机械运动时,会使哪些信号元件状态发生变化,再查对线路,看执行元件如何动作……。在读图过程中,特别要注意相互间的联系和制约关系,直至将线路全部看懂为止。

无论多么复杂的电气线路,都是由一些基本的电气控制环节构成的。在分析线路时,要善于化整为零,积零为整。可以按主电路的构成情况,把控制电路分解成与主电路相对应的几个基本环节,一个环节一个环节地分析。还应注意那些满足特殊要求的特殊部分,然后把各环节串起来,这样就不难读懂全图了。

对于图 3.1 电气线路的主电路,可以分成电动机 M_1 和 M_2 两个部分,其控制电路也可相应地分解成两个基本环节。其中,停止按钮 SB_1 和起动按钮 SB_2、接触器 KM_1、热继电器触点 FR_2 构成直接起动电路;不考虑接触器 KM_1 的常开触点,接触器 KM_2,按钮 SB_3 和 SB_4 也构成电动机直接起动电路。这两个基本环节分别控制电动机 M_2 和 M_1。其控制过程如下:合上刀闸开关 QS,按起动按钮 SB_2,控制器 KM_1 吸引线圈得电,其主触点 KM_1 闭合,油泵电动机 M_2 起动。由于接触器的辅助触点 KM_1 并接于起动按钮 SB_2 上,因此当松手断开起动按钮后,吸引线圈 KM_1 通过其辅助触点可以继续保持通电,维持其吸合状态。这个辅助触点通常称为自锁触点。按下停止按钮 SB_1,接触器 KM_1 的吸引线圈失电,其主触点断开,油泵电动机 M_2 失电停转。同理,可以分析主拖动电动机 M_1 的起动与停止。工艺上要求主拖动电动机 M_1 必须在油泵电动机 M_2 正常运行后才能起动工作,这一特殊要求由主拖动电动机接触器 KM_2 线圈电路中的特殊部分来满足。将油泵电动机接触器 KM_1 的常开触点串入主拖动电动机接触器 KM_2 的线圈电路中,从而保证了接触器 KM_2 只有在接触器 KM_1 通电后才可能通电,即只有在油泵电动机 M_2 起动后主拖动电动机 M_1 才可能起动,以实现按顺序工作,从而满足了工艺要求。

查线读图法的优点是直观性强,容易掌握,因而得到广泛采用。其缺点是分析复杂线路时易出错,叙述也较冗长。

(2)逻辑代数法

逻辑代数法是通过对电路的逻辑表达式的运算来分析控制电路的,其关键是正确写出电路的逻辑表达式。这种读图方法的优点是,各电器元件之间的联系和制约关系在逻辑表达式中一目了然。通过对逻辑函数的具体运算,一般不会遗漏或看错电路的控制功能。根据逻辑表达式可以迅速正确地得出电路元件是如何通电的,为故障分析提供方便。该方法的主要缺点是,对于复杂的电气线路,其逻辑表达式很繁琐、冗长。但采用逻辑代数法以后,可以对电气线路采用计算机辅助分析的方法。

3.2 三相异步电动机的起动控制线路

三相异步电动机具有结构简单,运行可靠,坚固耐用,价格便宜,维修方便等一系列优点。与同容量的直流电动机相比,异步电动机还具有体积小,重量轻,转动惯量小的特点。因此,在工矿企业中异步电动机得到了广泛的应用。三相异步电动机的控制线路大多由接触器、继电器、闸刀开关、按钮等有触点电器组合而成。三相异步电动机分为鼠笼式异步电动机和绕线式异步电动机,两者的构造不同,起动方法也不同,其起动控制线路差别很大。下面对它们的起动控制线路分别加以介绍。

3.2.1 鼠笼式异步电动机全压起动控制线路

据统计,在许多工矿企业中,鼠笼式异步电动机的数量占电力拖动设备总台数的85%左右。在变压器容量允许的情况下,鼠笼式异步电动机应该尽可能采用全电压直接起动,既可以提高控制线路的可靠性,又可以减少电器的维修工作量。

(1)单向长动控制线路

图 3.2 是三相鼠笼式异步电动机单向长动控制线路。这是一种最常用、最简单的控制线路,能实现对电动机的起动、停止的自动控制,远距离控制和频繁操作等。

在图 3.2 中,主电路由隔离开关 QS、熔断器 FU、接触器 KM 的常开主触点,热继电器 FR 的热元件和电动机 M 组成。控制电路由起动按钮 SB$_2$、停止按钮 SB$_1$、接触器 KM 线圈和常开辅助触头、热继电器 FR 的常闭触头构成。

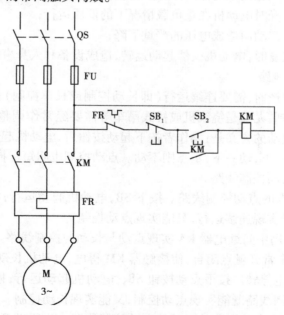

图3.2 鼠笼式电机单向运行电气控制线路

控制线路工作原理：

• 起动电动机　合上三相隔离开关 QS，按起动按钮 SB_2，接触器 KM 的吸引线圈带电，3 对常开主触点闭合，将电动机 M 接入电源，电动机开始起动。同时，与 SB_2 并联的 KM 的常开辅助触点闭合，即使松手断开 SB_2，吸引线圈 KM 通过其辅助触点可以继续保持通电，维持吸合状态。凡是接触器(或继电器)利用自己的辅助触点来保持线圈带电的，称之为自锁(自保)。这个触点称为自锁(自保)触点。由于 KM 的自锁作用，当松开 SB_2 后，电动机 M 仍能继续起动，最后达到稳定运转。

• 停止电动机　按停止按钮 SB_1，接触器 KM 的线圈失电，其主触点和辅助触点均断开，电动机脱离电源，停止运转。这时，即使松开停止按钮，由于自锁触点断开，接触器 KM 线圈不会再通电，电动机不会自行起动。只有再次按下起动按钮 SB_2 时，电动机方能再次起动运转。

线路保护环节：

• 短路保护　短路时，通过熔断器 FU 的熔体熔断切开主电路。

• 过载保护　通过热继电器 FR 实现。由于热继电器的热惯性比较大，即使热元件上流过几倍额定电流的电流，热继电器也不会立即动作。因此在电动机起动时间不太长的情况下，热继电器经得起电动机起动电流的冲击而不会动作。只有在电动机长期过载下 FR 才动作，断开控制电路，接触器 KM 失电，切断电动机主电路，电动机停转，实现过载保护。

• 欠压和失压保护　通过接触器 KM 的自锁触点来实现。在电动机正常运行中，由于某种原因使电网电压消失或降低，当电压低于接触器线圈的释放电压时，接触器释放，自锁触点断开，同时主触点断开，切断电动机电源，电动机停转。如果电源电压恢复正常，由于自锁解除，电动机不会自行起动，避免了意外事故发生。只有在操作人员再次按下 SB_2 后，电动机才能起动。

控制线路具备了欠压和失压的保护能力以后，有如下 3 方面优点：

① 防止电压严重下降时电动机在重负载情况下的低压运行；

② 避免电动机同时起动而造成电压的严重下降；

③ 防止电源电压恢复时，电动机突然起动运转，造成设备和人身事故。

(2) 单向点动控制线路

生产机械在正常生产时，需要连续运行(即长动控制或长车控制)。但在试车或进行调整工作时，就需要点动控制，尤其是绕线机或桥式吊车等需要经常作调整运动的生产机械，点动控制是必不可少的。点动的含义是：操作者按下起动按钮后，电动机起动运转，松开按钮时，电动机就停止转动，即点一下，动一下，不点则不动。点动控制也叫短车控制或点车控制，能实现点动控制的线路叫做点动控制线路。

图 3.3(a)是最基本的点动控制线路。按下 SB，电动机起动运行；松开 SB，电动机断电停止转动。这种线路不能实现连续运行，只能实现点动控制。

图 3.3(b)的是采用中间继电器 KA 实现点动与长动的控制线路。按下长动按钮 SB_2，继电器 KA 得电，它的两个常开触点闭合，使接触器 KM 得电，电动机长动运行，只有按下停止按钮 SB_1 时，电动机才断电停转。按下点动按钮 SB_3，电动机起动运行；松开按钮 SB_3，电动机断电，停止转动。这种控制线路既能实现点动控制，又能实现长动控制。

图 3.3(c)是具有手动开关 Q 的长动与点动控制线路。当手动开关 Q 打开时，按下按钮 SB_2，实现点动控制。合上手动开关 Q 时，按下按钮 SB_2，对电动机进行长动控制。

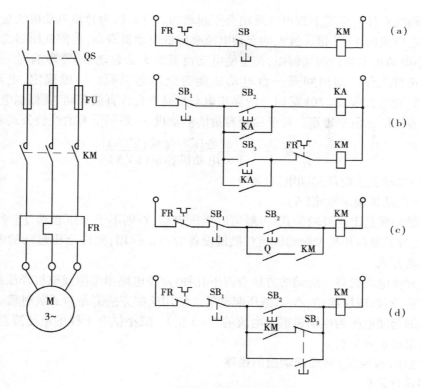

图 3.3 实现点动的控制线路

图 3.3（d）所示的控制线路,使用了一个复合按钮 SB$_3$ 来实现点动。当需要电动机连续运行时,按下起动按钮 SB$_2$ 就可达到目的。欲使电动机停转,按下停止按钮 SB$_1$ 即可。当需要点动时,按下点动按钮 SB$_3$,电动机通电起动运转。由于按钮 SB$_3$ 断开了接触器 KM 的自锁回路,故松开 SB$_3$ 时电动机断电停止转动。如果在操作者进行点动操作后松开点动按钮 SB$_3$,若 SB$_3$ 的常闭触点先闭合、常开触点后断开,则接触器 KM 仍保持接通状态,点动变成了连续运行,点动失败。这一类问题在电气控制系统中被称为"触点竞争"。触点竞争是触点在过渡状态下的一种特殊现象。若同一电器的常开和常闭触点同时出现在电路的相关部分,当这个电器发生状态变化(接通或断开)时,电器接点状态的变化不是瞬间完成,需要一定时间。常开和常闭触点有动作先后之别,在吸合和释放过程中,继电器的常开触点和常闭触点存在一个同时断开的特殊过程。在设计电路时,如果忽视了上述触点的动态过程,就可能导致产生破坏电路执行正常工作程序的触点竞争,使电路设计遭受失败。如果已存在这样的竞争,一定要从电器设计和选择上来消除。具体消除办法,请参看有关书籍。

由上述分析可知,点动控制与连续运行控制的区别主要在自锁触头上。点动控制电路没有自锁触点,同时点动按钮兼起停止按钮作用,因而点动控制不另设停止按钮。与此相反,连续运行控制电路,必须设有自锁触头,并另设停止按钮,两者相结合,构成既有点动又有运行的控制电路。

3.2.2 鼠笼式异步电动机降压起动控制线路

鼠笼式异步电动机采用全压直接起动时,控制线路简单,维修工作量较少。但是,并不是所有异步电动机在任何情况下都可以采用全压起动的。这是因为异步电动机的全压起动电流一般可达额定电流的 4 ~ 7 倍。过大的起动电流会降低电动机寿命，致使变压器二次电压大幅度下降，减小电动机本身的起动转矩，甚至使电动机根本无法起动，还要影响同一供电网路中其他设备的正常工作。如何判断一台电动机能否全压起动呢？一般规定，电动机容量在 10kW 以下者，可直接起动。10kW 以上的异步电动机是否允许直接起动，要根据电动机容量和电源变压器容量的比值来确定。对于给定容量的电动机，一般用下面的经验公式来估计。

$$\frac{I_q}{I_e} \leqslant \frac{3}{4} + \frac{\text{电源变压容器量（kVA）}}{4 \times \text{电动机容量（kVA）}}$$

式中　I_q——电动机全电压起动电流（A）；

　　　I_e——电动机额定电流（A）。

若计算结果满足上述经验公式，一般可以全压起动，否则不予全压起动，应考虑采用降压起动。有时，为了限制和减少起动转矩对机械设备的冲击作用，允许全压起动的电动机，也多采用降压起动方式。

鼠笼式异步电动机降压起动的方法有以下几种：定子电路串电阻或电抗降压起动、自耦变压器减压起动、Y-△减压起动、△-△减压起动等。使用这些方法都是为了限制起动电流（一般降低电压后的起动电流为电动机额定电流的 2 ~ 3 倍），减小供电干线的电压降落，保障各个用户的电气设备正常运行。

（1）串电阻（或电抗）降压起动控制线路

1）线路设计思想

在电动机起动过程中，常在三相定子电路中串接电阻（电抗）来降低定子绕组上的电压，使电动机在降低了的电压下起动，以达到限制起动电流的目的。一旦电动机转速接近额定值时，切除串联电阻（电抗），使电动机进入全电压正常运行。这种线路的设计思想，通常都是采用时间原则按时切除起动时串入的电阻（电抗），以完成起动过程。在具体线路中可采用人工手动控制或时间继电器自动控制来加以实现。

2）典型线路介绍

①手动控制运行方式

图 3.4（a）为手动控制线路。图中电阻 R 是用来降低起动电压、限制起动电流的，称之为起动电阻。

线路工作原理为：

• 闭合电源开关 QS。

• 按起动按钮 SB$_2$：接触器 KM$_1$ 线圈得电，主触点 KM$_1$ 闭合，电动机 M 串入电阻 R 起动，接触器 KM$_1$ 的常开辅助触点闭合自锁，即使释放 SB$_2$，电动机仍然为降压起动运行状态。

• 当电动机转速接近额定值时，再按 SB$_3$：接触器 KM$_2$ 得电，其常开辅助触点闭合自锁，常开主触点闭合，切除电阻 R，使电动机进入正常全压运行，即降压起动过程结束。

• 按停止按钮 SB$_1$：接触器 KM$_1$、KM$_2$ 失电，电动机 M 停止运行。

②自动控制运行方式

在上述手动控制线路中，短接电阻的时间要由操作者估计，不容易掌握。如果把时间估计得过长，起动过程变慢，影响劳动生产率；如果把时间估计得太短，过早按下 SB$_3$，将会引起过大的换接冲击电流，导致电压波动。因此，在生产设备上采用时间继电器来自动切除电

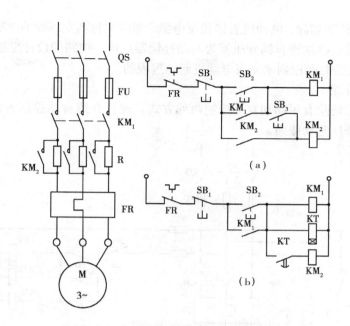

图 3.4　定子串电阻降压起动控制线路

（a）手动控制运行线路　（b）自动控制运行线路

阻。时间继电器的延时可以较为准确地整定。整定动作时间就是电动机降压起动时间，不会出现过大的换接冲击电流，操作方便，但需多用一个时间继电器。串电阻降压起动自动控制线路如图 3.4（b）所示。

线路工作原理：

• 按起动按钮 SB₂：接触器 KM₁ 线圈得电，KM₁ 的常开辅助触点闭合自锁，常开主触点闭合，电动机 M 串电阻 R 起动。

• 在按下 SB₂ 的同时，时间继电器 KT 线圈也得电。经一定延时，其常开触点闭合，接触器 KM₂ 得电，KM₂ 的主触点闭合，短接电阻 R，使电动机进入全电压下运行，降压起动过程结束。

• 按停止按钮 SB₁：切断 KM₁、KM₂ 及 KT 线圈电源电路，使电动机停转。这时，主电路和控制电路都恢复了常态，为下次降压起动作好了准备

串电阻起动的优点是控制线路结构简单，成本低，动作可靠，提高了功率因数，有利于保证电网质量。但是，由于定子串电阻降压起动，起动电流随定子电压成正比下降，而起动转矩则按电压下降比例的平方倍下降。同时，每次起动都要消耗大量的电能。因此，三相鼠笼式异步电动机采用电阻降压的起动方法，仅适用于要求起动平稳的中小容量电动机以及起动不频繁的场合。大容量电动机多采用串电抗降压起动。

（2）自耦变压器降压起动控制线路

1）线路设计思想

在自耦变压器降压起动的控制线路中，限制电动机起动电流是依靠自耦变压器的降压作用来实现的。自耦变压器的初级和电源相接，自耦变压器的次级与电动机相连。自耦变压器的次级一般有 3 个抽头，可得到 3 种数值不等的电压。使用时，可根据起动电流和起动转矩的要求灵活选择。电动机起动时，定子绕组得到的电压是自耦变压器的二次电压，一旦起动

完毕,自耦变压器便被切除,电动机直接接至电源,即得到自耦变压器的一次电压,电动机进入全电压运行。通常称这种自耦变压器为起动补偿器。这一线路的设计思想和串电阻起动线路基本相同,都是按时间原则来完成电动机起动过程的。

2)典型线路介绍

自耦变压器的切除有手动和自动控制两种方式。现只介绍自动控制方式,图 3.5 给出定子串自耦变压器降压起动线路。

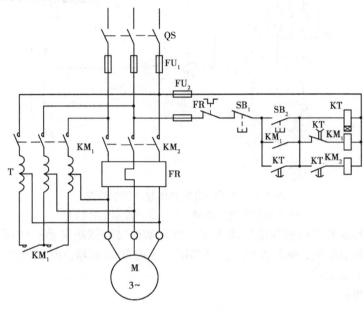

图 3.5　定子串自耦变压器降压起动控制线路

线路工作原理:

●闭合电源切断开关 QS。

●按下起动按钮 SB₂:接触器 KM₁ 和时间继电器 KT 同时得电,KM₁ 常开主触点闭合,电动机经星形连接的自耦变压器接至电源降压起动。

●时间继电器 KT 经一定时间到达延时值,常闭延时触点断开,KM₁ 线圈失电,KM₁ 主触点断开,将自耦变压器从电网上切除;同时,KT 的常开延时触点闭合,接触器 KM₂ 得电,KM₂ 的主触点闭合,将电动机直接接入电源,使之在全电压下正常运行。

●按下停止按钮 SB₁,KM₂ 线圈失电,电动机停止转动。

在自耦变压器降压起动过程中,起动电流与起动转矩的比值按变比平方倍降低。在获得同样起动转矩的情况下,采用自耦变压器降压起动从电网获取的电流,比采用电阻降压起动要小得多,对电网电流冲击小,功率损耗小。自耦变压器之所以被称为起动补偿器,其原因就在于此。换句话说,若从电网取得同样大小的起动电流,采用自耦变压器降压起动会产生较大的起动转矩。这种起动方法常用于容量较大、正常运行为星形接法的电动机。其缺点是自耦变压器价格较贵,相对电阻结构复杂,体积庞大,且是按照非连续工作制设计制造的,故不允许频繁操作。

(3)Y-△降压起动控制线路

1)线路设计思想

Y-△降压起动也称为星形-三角形降压起动，简称星三角降压起动。这一线路的设计思想仍是按时间原则控制起动过程。所不同的是，在起动时将电动机定子绕组接成星形，每相绕组承受的电压为电源的相电压（220V），减小了起动电流对电网的影响。而在其起动后期则按预先整定的时间换接成三角形接法，每相绕组承受的电压为电源的线电压（380V），电动机进入正常运行。凡是正常运行时定子绕组接成三角形的鼠笼式异步电动机，均可采用这种线路。

2）典型线路介绍

定子绕组接成 Y-△降压起动的自动控制线路如图 3.6 所示。

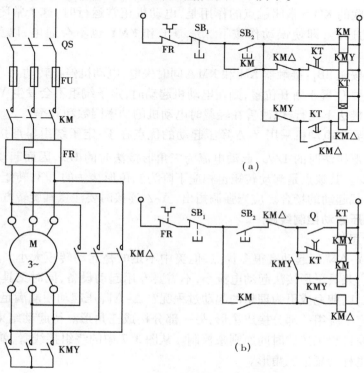

图 3.6　Y-△降压起动自动控制线路

图 3.6（a）的工作原理：

●按下起动按钮 SB₂：接触器 KM 线圈得电，电动机 M 接入电源。同时，时间继电器 KT 及接触器 KMY 线圈得电。

●接触器 KMY 线圈得电，其常开主触点闭合，电动机 M 定子绕组在星形连接下运行。KMY 的常闭辅助触点断开，保证了接触器 KM△不得电。

●时间继电器 KT 的常开触点延时闭合；常闭触点延时继开，切断 KMY 线圈电源，其主触点断开而常闭辅助触点闭合。

●接触器 KM△线圈得电，其主触点闭合，使电动机 M 由星形起动切换为三角形运行。

●按下停止按钮 SB₁：切断控制线路电源，电动机 M 停止运转。

图 3.6（b）的工作原理：

●合上电源开关 QS，将开关 Q 置于接通位置。

●按下起动接钮 SB₂：接触器 KMY 和时间继电器 KT 线圈同时得电，KMY 的常开主触点闭合,把定子绕组联成星形;其常开辅助触点闭合,使接触器 KM 线圈得电。

• 接触器 KM 的常开主触点闭合,将定子绕组接入电源,使电动机在星形接法下起动。KM 的常开辅助触点闭合自锁。

• 时间继电器的常闭触点经一定延时后断开,接触器 KMY 线圈失电,其全部主、辅触点复位,使接触器 KM△线圈得电。

• 接触器 KM△ 的常开主触点闭合,将定子绕组联成三角形,使电动机在全电压下正常运行。

• 与 SB₂ 串联的 KM△常闭触点的作用是:电动机正常运行时,这个常闭触点断开,切断了 KT 和 KMY 的通路,即使误动作按下 SB₂,KT 和 KMY 也不会通电,以免影响电路正常运行。

• 按下停止按钮 SB₁:接触器 KM 和 KM△同时失电,电动机停止转动。

若事先将开关 Q 置于断开位置,则在电动机起动时,定子绕组不会发生 Y-△的换接,使电动机一直在星形接法下运行,以改善在轻载时电动机的功率因数和效率。

三相鼠笼式异步电动机采用 Y-△降压起动的优点在于:定子绕组星形接法时,起动电压为直接采用三角形接法时的 $1/\sqrt{3}$,起动电流为三角形接法时的 1/3,因而起动电流特性好,线路较简单,投资少。其缺点是起动转矩也相应下降为三角形接法的 1/3,转矩特性差。本线路适用于轻载或空载起动的场合。应当强调指出,Y-△连接时要注意其旋转方向的一致性。

(4) △-△降压起动控制线路

1)线路设计思想

如前所述,Y-△降压起动有很多优点,但美中不足的是起动转矩太小。能否设计一种新的降压起动方法,兼具星形接法起动电流小,不需要专用起动设备,同时又具有三角形接法起动转矩大的优点,以期完成更为理想的起动过程呢? △-△降压起动便能满足这种要求。在起动时,将电动机定子绕组一部分接成星形,另一部分接成三角形。待起动结束后,再转换成三角形接法,其转换过程仍按照时间原则来控制。从图 3.7 中的绕组接线看,就是一个三角形 3 条边的延长,故也称为延边三角形。

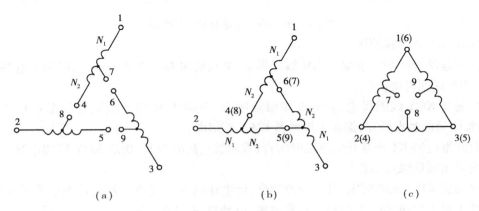

图 3.7　△-△接法电动机抽头的连接方式

图 3.7 为电动机定子绕组抽头连接方式。其中图 3.7(a)是原始状态。图 3.7(b)为起动时接成延边三角形的状态。图 3.7（c）为正常运行时状态。这种电动机共有 9 个抽线头,改变定子绕组抽头比（即 N_1 与 N_2 之比）,就能改变起动时定子绕组上电压的大小,从而改变起动电流和起动转矩。但一般来说,电动机的抽头比已经固定。所以,仅在这些抽头比的范围内作有限的变动。例如,通过相量计算可知,若线电压为 380V,当 $N_1/N_2 = 1/1$ 时,则相电压为 264V;当 $N_1/N_2 = 1/2$ 时,则相电压为 290V。

2）典型线路介绍

定子绕组呈 △-△ 接法的线路如图 3.8 所示。

线路工作原理:

- 合上电源开关 QS。

- 按下起动接钮 SB_2:接触器 KM、KMY 和时间继电器线圈同时得电。

- KMY 的常开主触点闭合,接通绕组接点 4-8、5-9 和 6-7,并通过 KM 的主触点闭合将绕组接点 1、2、3 分别接至三相电源,电动机按延边三角形降压起动。

- 时间继电器 KT 的常闭触点经延时断开,接触器 KMY 线圈失电;同时 KT 的常开触点延时闭合,接触器 KM△ 得电。

- KMY 的主触点断开,KM△ 的主触点闭合,将绕组接点 1-6、2-4、3-5 相连而接成三角形,并接至三相电源,电动机全电压运行。

- 按下停止按钮 SB_1,切断电动机电源,电机停止运行。

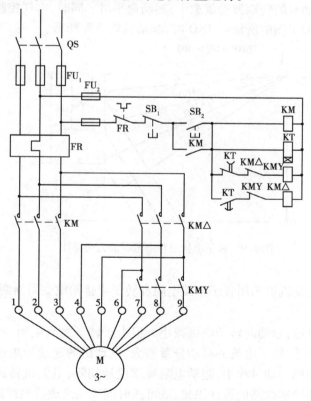

图 3.8　△-△降压起动控制线路

由上述分析可知,△-△降压起动,其起动转矩比采用 Y-△降压起动大,并且可以在一定范围内进行选择,也不需要专门的起动设备,结构简单。但与自耦变压器降压起动时的最高转矩相比,还存在着较大的差距;三角形接线的电动机引出线多,制造费时,在一定程度上限制了它的使用范围。故这种降压起动方法目前尚未得到广泛应用。

上述 4 种降压起动方法都能自动地转换为全电压正常运行,它是借助于时间继电器来控制的。利用时间继电器的延时间隔来控制线路中各电器的动作顺序,完成操作任务,这种控制线路称为时间原则控制线路。这种按时间进行的控制,称为时间原则自动控制,简称时间控制。

3.2.3 绕线式异步电动机起动控制线路

在大、中容量电动机的重载起动时,增大起动转矩和限制起动电流两者之间的矛盾十分突出。利用上述的鼠笼式异步电动机降压起动,也难以解决这个问题。为此,常采用绕线式异步电动机。三相绕线式电动机的优点之一,是可以在转子绕组中串接外加电阻或频敏变阻器进行起动,由此达到减小起动电流,提高转子电路的功率因数和增加起动转矩的目的。一般在要求起动转矩较高的场合,绕线式异步电动机的应用非常广泛。例如桥式起重机吊构电动机的起动控制线路,就采用了绕线式异步电动机。

绕线式异步电动机转子串接对称电阻后,其人为特性如图 3.9 所示。从图中的曲线可以看出,串接电阻 RQ 值愈大,起动转矩也愈大;RQ 愈大,临界转差率 S_i 也愈大,特性曲线的倾斜度愈大。因此,改变串接电阻 RQ 可作为改变转差率调速的一种方法。这个串接的起动电阻级数愈多,电动机起动时的转矩波动就愈小,起动愈平滑。同时,电气控制线路也就愈复杂。应当指出,当串接电阻大于图中所标的 3RQ 时,起动转矩反而降低。

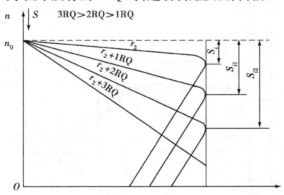

图 3.9　转子串接对称电阻时的人为特性

(1)线路设计思想

三相绕线式异步电动机可采用转子串接电阻和转子串接频敏变阻器两种起动方法。这里介绍前一种起动方法。

转子绕组串接电阻后,起动时转子电流减小。但由于转子加入电阻,转子功率因数提高,只要电阻值大小选择合适,转子电流的有功分量增大,电动机的起动转矩也增大,从而具有良好的起动特性。在电动机起动过程中,起动电阻被逐段地切除,电动机转速不断升高,最后进入正常运行状态。这种控制线路的设计思想,既可按时间原则组成控制线路,也可按电流原则组成控制线路。

（2）典型线路介绍

1）按时间原则组成的绕线式异步电动机起动控制线路

图3.10为按时间原则组成的绕线式异步电动机起动控制线路。该线路是依靠时间继电器的依次动作,自动短接起动电阻的起动控制线路。

线路工作原理为:

● 合上电源开关 QS。

● 按启动按钮 SB₂:接触器 KM 线圈得电,其主触点闭合,将电动机转子串入全部电阻进行起动,辅助触点闭合自锁,同时时间继电器 KT₁ 得电。

● 时间继电器 KT₁ 的常开触点经一定延时后闭合,使接触器 KM₁ 线圈得电吸合,切除第1级起动电阻1RQ。同时,时间继电器 KT₂ 得电。

● 时间继电器 KT₂ 的常开触点经一定延时后闭合,使接触器 KM₂ 得电吸合,短接第2级起动电阻2RQ。同时,时间继电器 KT₃ 得电。

● 时间继电器 KT₃ 的常开触点经一定延时后闭合,使接触器 KM₃ 得电吸合并自锁,短接第3级起动电阻3RQ。电动机转速不断升高,最后达额定值,起动过程全部结束。

● 接触器 KM₃ 得电时,它的一对常闭辅助触点断开,切断时间继电器 KT₁ 线圈电源,使 KT₁、KM₁、KT₂、KM₂、KT₃ 依次释放。当电动机进入正常运行时,只有 KM₃ 和 KM 保持得电吸合状态,其他电器全部复位。

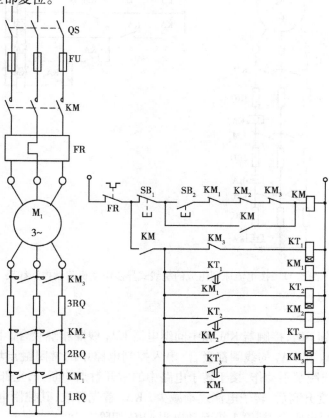

图3.10　按时间原则组成的绕线式异步电动机起动控制线路

● 按下停止按钮 SB_1，KM 线圈失电切断电动机电源，电动机停转。

2）按电流原则组成的绕线式异步电动机起动控制线路

图 3.11 为按电流原则组成的绕线式异步电动机起动控制线路。该线路利用电流继电器来检测电动机起动时转子电流的变化，从而控制转子串接电阻的切除。图中，KA_1、KA_2、KA_3 为电流继电器。这 3 个继电器线圈的吸合电流相同，但释放电流不一样，KA_1 的释放电流最大，KA_2 次之，KA_3 最小。

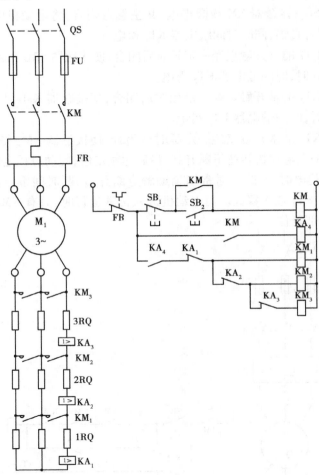

图 3.11　按电流原则组成的绕线式异步电动机起动控制线路

线路工作原理为：

● 合上电源开关 QS。

● 按下起动按钮 SB_2，接触器 KM 和中间继电器 KA_4 线圈相继吸合。刚开始起动时，冲击电流很大，KA_1、KA_2 和 KA_3 的线圈都吸合，串入控制电路中的常闭触点均断开，于是接触器 KM_1、KM_2、KM_3 的线圈都不动作，接于转子电路中的常开触点均断开，全部电阻接入转子。

● 当电动机速度升高后，转子电流逐渐减少，KA_1 首先释放，其控制电路中的常闭触点闭合，使接触器 KM_1 得电吸合，把第 1 级起动电阻 1RQ 切除。

● 当 1RQ 被切除后，转子中电流又增大，随着电动机转速升高，转子电流又减小，电流继

电器 KA_2 释放,其常闭触点闭合,使接触器 KM_2 得电吸合,把第2级起动电阻 2RQ 短接。

- 如此继续下去,直到将转子全部电阻短接,电动机起动完毕。
- 中间继电器 KA_4 是为保证起动时接入全部电阻而设计的。因为刚起动时,若无 KA_4,电流从零值升到最大值需要一定时间,在这期间,KA_1、KA_2、KA_3 可能都未动作,全部电阻都被短接,电动机处于直接起动状态。有了 KA_4 后,从 KM 线圈得电到 KA_4 的常开触点闭合需要一段时间,这段动作时间能保证电流冲击到最大值,使 KA_1、KA_2、KA_3 全部吸合,接于控制电路中的常闭触点全部断开,从而保证电动机串入全电阻起动。

3.2.4　用电子式软起动器进行起动的控制线路

前述的传统异步电机的起动方式的共同特点是控制电路简单,但起动转矩固定不可调,起动过程中存在较大的冲击电流,使被拖动负载受到较大的机械冲击。且易受电网电压波动的影响,一旦出现电网电压波动,会造成起动困难甚至使电机堵转。另外,停机时,前述几种起动方法都是瞬间停电,也将会造成剧烈的电网电压波动和机械冲击。为克服上述缺点,采用电子式的软起动器是很理想的。电子式的软起动器是一种集电机软起动、软停车、轻载节能和多种保护功能于一体的新颖电机控制装置,对于它的工作原理、工作特性和功能特点等,在本书第2章的第2节已有详细介绍,请查阅,这里不详述。

在工业自动化程度要求比较高的场合,为了便于控制和应用,往往将软起动器、断路器和控制电路组成一个较完整的电动机控制中心以实现电动机的软起动、软停车、故障保护、报警、自动控制等功能。同时具有运行和故障状态监视、接触器操作次数、电机运行时间和触头弹跳监视、试验等辅助功能。另外还可以附加通信单元、图形显示操作单元和编程器单元等。可直接与通信总线联网。一般的用途可以采用以下具体方案:

（1）软起动器与旁路接触器

对于泵类、风机类负载往往要求软起动、软停车。在软起动器两端并联接触器 K,如图 3.12所示。当电动机软起动结束后,K 合上,运行电流将通过 K 送至电动机。若要求电动机软停车,一旦发出停车信号,先将 K 分断,然后再由软起动器对电动机进行软停车。

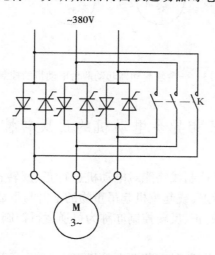

图3.12　软起动控制器原理示意图

该电路具有如下优点：

①电动机运行时可以避免软起动器产生的谐波。

②软起动器仅在起动、停车时工作，可以避免长期运行使晶闸管发热，延长了使用寿命。

③一旦软起动器发生故障，可由旁路接触器作为应急备用。

（2）单台软起动器起动多台电动机

一些工厂有多台电动机需要起动，当然最好都单独安装一台软起动器，这样既使控制方便，又能充分发挥软起动器的故障检测等功能。但有时从节约资金投入考虑，可用一台软起动器对多台电动机进行软起动。图3.13给出了用一台软起动器对两台电动机的起动与停止的控制电路。当然，该电路只能分别起、停两台电动机，不能同时进行起动或停止。

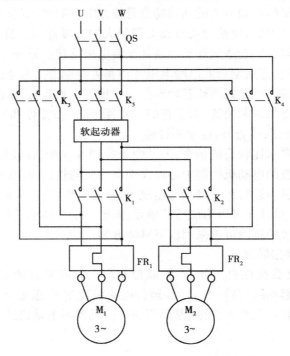

图3.13　一台软起动器起动两台电动机的控制线路

3.3　三相异步电动机的正反转控制线路

在生产实际中，往往要求控制线路能对电动机进行正、反转控制。例如：常通过电动机的正反转，或工作台的前进与后退，或起重机起吊重物的上升与下放，以及电梯的升降等，由此满足生产加工的要求。电动机的正、反转控制亦称为可逆运行控制。电动机可逆运行控制，分为手动控制和自动控制两种。

由三相异步电动机转动原理可知，若要电动机可逆运行，只要将接于电动机定子的三相电源线中的任意两相对调即可。因为此时定子绕组的相序改变了，旋转磁场方向就相应发生变化,因而转子中感应电势、电流以及产生的电磁转矩都要改变方向,因而电动机的转子就逆转了。这也正是电动机正反转控制线路的主要任务。

3.3.1 电动机可逆运行的手动控制线路

(1)线路设计思想

电动机可逆运行控制线路,实质上是两个方向相反的单向运行电路的组合。为此,采用两个接触器分别给电动机定子送入 A、B、C 相序和 C、B、A 相序的电源,电动机就能实现可逆运行。为了避免误操作而引起的电源短路,需在这两个方向相反的单向运行电路中加设必要的联锁。

(2)典型线路介绍

根据电动机可逆运行操作顺序的不同,有"正-停-反"手动控制电路与"正-反-停"手动控制电路。

1)电动机"正-停-反"手动控制线路

图 3.14 为电动机"正-停-反"手动控制线路。KM_2 为正转接触器,KM_3 为反转接触器。

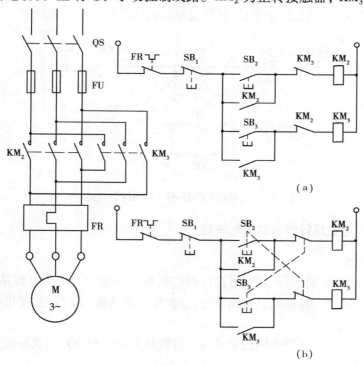

图 3.14 电动机可逆运行控制线路
(a)辅助触头作联锁 (b)按钮作联锁

图 3.14(a)线路工作原理为:

● 按下正向起动按钮 SB_2,接触器 KM_2 得电吸合,其常开主触点将电动机定子绕组接通电源,相序为 A、B、C,电动机正向起动运行。

● 按停止按钮 SB_1,KM_2 失电释放,电动机停转。

● 按反向起动按钮 SB₃,KM₃ 得电吸合,其常开触点将相序为 C、B、A 的电源接至电动机,由于电压相序反了,所以电动机反向起动运行。

● 按 SB₁,KM₃ 失电释放,电动机停转。

● 由于采用了 KM₂、KM₃ 的常闭辅助触点串入对方的接触器线圈电路中,形成相互联锁。当电动机正转时,即使误按反转按钮 SB₃,反向接触器 KM₃ 也不会得电,不会造成电源短路事故。要使电动机反转,必须先按停止按钮,再按反向按钮。反之亦然。

图 3.14(a)是以辅助触头作联锁,图 3.14(b)是以控制按钮 SB₂、SB₃ 常闭触头作联锁的控制线路。其工作原理请读者按上述步骤自行加以分析。

2)电动机"正-反-停"手动控制线路

在实际生产过程中,为了提高劳动生产率,减少辅助工时,常要求能够直接实现正、反向转换。利用复合按钮可组成正反转控制线路,如图 3.15 所示。

线路工作原理为:

● 按下正转按钮 SB₂,电动机正转。

● 若需电动机反转,不必按停止按钮 SB₁,直接按下反转按钮 SB₃,使 KM₂ 失电释放,KM₃ 得电吸合,电动机先脱离电源,停止正转,然后又反向起动运行。反之亦然。

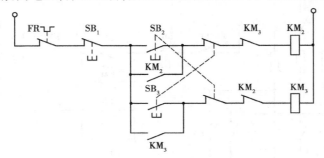

图 3.15 电动机"正-反-停"手动控制线路

3.3.2 电动机可逆运行的自动控制线路

(1)线路设计思想

自动控制的电动机可逆运行电路,可按行程控制原则来设计。实质上就是利用行程开关来检测机件往返运动位置,自动发出控制信号,进而控制电动机的正反转,使机件往复运动。

(2)典型线路介绍

图 3.16 为实现刀架自动循环的控制线路。行程开关 SQ₁ 和 SQ₂ 安装在指定位置。

线路工作原理为:

● 按正向起动按钮 SB₁,KM₁ 得电,电动机正向起动运行,带动刀架向前运动。

● 当刀架运行至 SQ₂ 位置时,撞块压下 SQ₂,KM₁ 断电释放,接触器 KM₂ 线圈得电吸合,电动机反向起动运行,使刀架自动返回。

● 当刀架返回到位置 1,撞块压下 SQ₁,KM₂ 失电,刀架自动停止运动。

图 3.16 的线路仅自动循环往复了一次,若需自动循环多次,参看图 3.17。其线路原理留给读者分析。

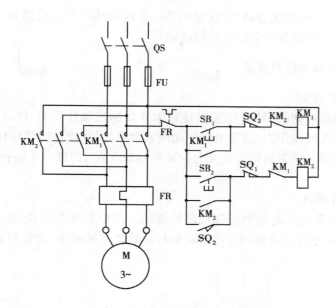

图 3.16　刀架自动循环的控制线路

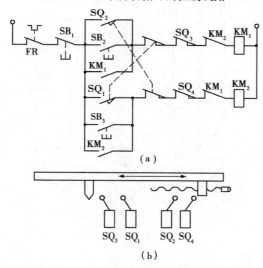

图 3.17　自动往复循环控制线路

3.4　三相异步电动机制动控制线路

三相异步电动机从切断电源到安全停止旋转,由于惯性的关系总要经过一段时间,这样就使得非生产时间拖长,影响了劳动生产率,不能适应某些生产机械的工艺要求。在实际生产中,为了保证工作设备的可靠性和人身安全,为了实现快速、准确停车,缩短辅助时间,提高生产机械效率,对要求停转的电动机采取措施,强迫其迅速停车,这就叫“制动”。三相异步电动机的制动方法分为两类:机械制动和电气制动。机械制动有电磁抱闸制动、电磁离合器制动

93

等。电气制动有反接制动、能耗制动、回馈制动等。实现制动的控制线路是多种多样的,本节仅介绍几种生产机械电气设备中常用的控制线路。

3.4.1 电磁机械制动控制线路

(1)电磁抱闸制动线路

电磁抱闸制动是机械制动,其设计思想是利用外加的机械作用力,使电动机迅速停止转动。由于这个外加的机械作用力,是靠电磁制动闸紧紧抱住与电动机同轴的制动轮来产生的,所以叫做电磁抱闸制动。电磁抱闸制动又分为两种制动方式,即断电电磁抱闸制动和通电电磁抱闸制动。

1)断电电磁抱闸制动

图 3.18 是断电电磁抱闸的制动控制线路原理图。图中 1 是电磁铁,2 是制动闸,3 是制动轮,4 是弹簧。制动轮通过联轴器直接或间接与电动机主轴相连,电动机转动时,制动轮也跟着同轴转动。

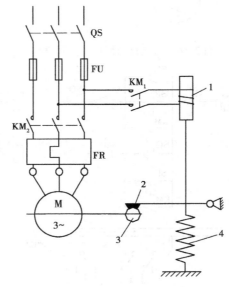

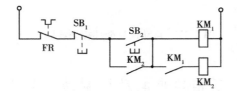

图 3.18 断电电磁抱闸制动控制线路

线路工作原理为:

● 合上电源开关 QS。

● 按下起动按钮 SB_2,接触器 KM_1 得电吸合,电磁铁绕组接入电源,电磁铁芯向上移动,抬起制动闸,松开制动轮。

● KM_1 得电后,KM_2 顺序得电,吸合,电动机接入电源,起动运转。

给的电能和拖动系统的机械能全部都转化为电动机转子的热损耗。在反接制动时,转子与定子旋转磁场的相对速度接近于2倍同步转速,所以定子绕组中的反接制动电流相当于全电压直接起动时电流的2倍。为避免对电动机及机械传动系统的过大冲击,延长其使用寿命,一般在10kW以上电动机的定子电路中串接对称电阻或不对称电阻,以限制制动转矩和制动电流。这个电阻称为反接制动电阻,如图3.21所示。

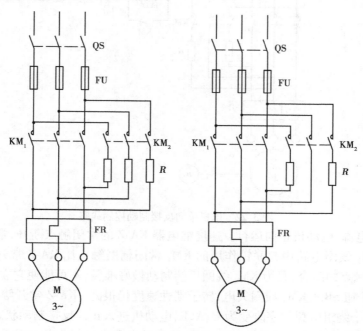

图3.21 三相异步电动机定子串联限流电阻

(2)典型线路介绍

反接制动控制线路,分为单向反接制动控制线路和可逆反接制动控制线路。

1)单向反接制动控制线路

图3.22为单向反接制动的控制线路。

其线路工作原理为:

● 按下起动按钮 SB_2,接触器 KM_1 线圈得电吸合,电动机起动运行。在电动机正常运行时,速度继电器 KA 的常开触点闭合,为反接制动接触器 KM_2 线圈通电准备了条件。

● 当需制动停车时,按下停止按钮 SB_1,接触器 KM_1 线圈失电,切断电动机三相电源。

● 此时电动机的惯性转速仍然很高,KA 的常开触点仍闭合,接触器 KM_2 线圈得电吸合,使定子绕组得到改变相序的电源,电动机进入串制动电阻 R 的反接制动状态。

● 当电动机转子的惯性转速接近零速(100r/min)时,速度继电器 KA 的常开触点恢复常态,接触器 KM_2 线圈断电释放,制动结束。

2)可逆反接制动控制线路

电动机可逆运行的反接制动控制线路如图3.23所示。

其线路工作原理为:

● 按下正向起动按钮 SB_2,正向接触器 KM_1 得电吸合,其主触点将定子绕组接至相序为

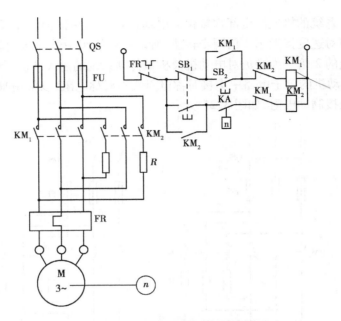

图 3.22　电机单向反接制动控制线路

A、B、C 的三相电源,电动机正向运行。速度继电器 KA-Z 的常闭触点断开,常开触点闭合。由于在接触器 KM$_2$ 线圈电路中起联锁作用的 KM$_1$ 常闭辅助触点比 KA-Z 常开触点的动作时间早, KA-Z 常开触点的闭合,只为 KM$_2$ 线圈反接制动做好准备,不可能使它立即通电。

●按停止按钮 SB$_1$, KM$_1$ 线圈失电,转子惯性速度仍很高, KA-Z 常开触点仍闭合, KM$_2$ 线圈得电,使定子绕组电源相序改变为 C、A、B,电动机进入正向反接制动状态。

●当转子的惯性速度接近零时, KA-Z 的常闭触点和常开触点均复位为原来的常闭和常开状态, KM$_2$ 线圈失电,正向反接制动结束。

反向运行的反接制动过程如下:

●按反向起动按钮 SB$_3$,反向接触器 KM$_2$ 线圈得电吸合,电动机电源相序为 C、B、A,电动机反向运行。

●速度继电器 KA-F 的常开触点和常闭触点分别闭合与断开,为 KM$_1$ 线圈的反接制动做准备。

●当按停止按钮 SB$_1$ 时, KM$_2$ 线圈失电,KM$_1$ 线圈得电吸合,定子绕组接至相序为 A、B、C 的电源,电动机进入反向反接制动。

●当电动机转子的反向惯性速度接近零时,KA-F 的常开触点断开,常闭触点闭合,使 KM$_1$ 线圈失电,反向反接制动过程结束。

图 3.23 所示可逆反接制动控制线路存在的缺点是:当停车检修时,检修人员人为地转动电动机转子,如果转速达到 100 r / min 左右时,KA-Z 或 KA-F 的常开触点就有可能闭合,从而使 KM$_1$ 或 KM$_2$ 线圈得电,电动机因短时接通而引起意外事故。

图 3.24 所示可逆反接制动控制线路,克服了图 3.23 线路的上述缺点。该线路中的中间继电器 KA 的作用是:若操作者扳动机床主轴进行调整时,或检修人员人为转动电动机转子时,不会因速度继电器常开触点 KA-Z 或 KA-F 的闭合,导致电动机意外接通而反向起动的事故。该线路的工作原理请读者试做分析。

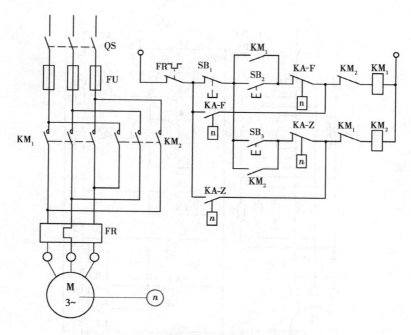

图 3.23　可逆运行的反接制动控制线路

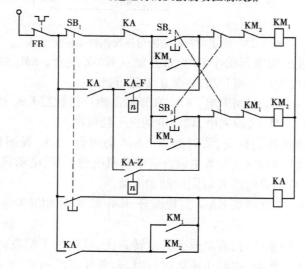

图 3.24　可逆反接制动控制线路

图 3.25 为定子串对称电阻可逆反接制动控制线路。该线路在电动机正反转起动和反接制动时在定子电路中都串接电阻,限流电阻 R 起到了在反接制动时限制制动电流,在起动时限制起动电流的双重限流作用。

该线路的工作原理:

● 按下正向起动按钮 SB_2,中间继电器 KA_1 得电吸合并自锁,同时正向接触器 KM_1 得电吸合,电动机正向起动。

● 刚起动时,尚未达到使速度继电器动作的转速,常开触点 KA-Z 未闭合,使中间继电器 KA_3 不得电,接触器 KM_3 也不得电,因而使 R 串在定子绕组中限制起动电流。

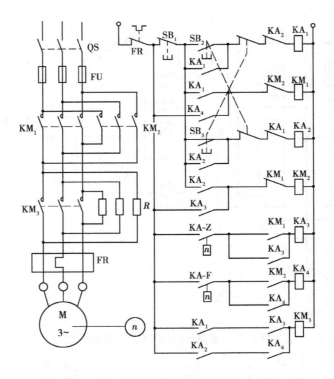

图 3.25 定子串对称电阻可逆反接制动控制线路

- 当转速升高至速度继电器动作值时,常开触点 KA-Z 闭合,KM_3 线圈得电吸合,经其主触点短接电阻 R,电动机转速不断升高,直至正常运行。

- 按停止按钮 SB_1,KA_1 线圈失电,KA_1 常开触点断开接触器 KM_3 线圈电路,使电阻 R 再次串入定子电路;同时,KM_1 线圈失电,切断电动机三相电源。

- 此时电动机惯性转速仍较高,常开触点 KA-Z 仍闭合,KA_3 线圈仍保持得电状态。在 KM_1 失电同时,KM_2 线圈得电吸合,其主触点将电动机电源反接,电动机进行反接制动。在制动过程中,定子电路一直串有电阻 R 以限制制动电流。

- 当转速接近零时,常开触点 KA-Z 复位断开,KA_3 和 KM_2 相继失电,制动过程结束,电动机停转。

电动机处于任一方向运行时,若要改变其运转方向,只要按下相应的起动按钮,电路便自动完成反向的全部过程。例如,电动机正向运行时,若要使其反向运行,则按下反向起动按钮 SB_3,通过 KA_2 和 KM_2 使电动机先进行反接制动,当转速降至零时,电动机又反向起动。不管电动机是处于正向反接制动还是反向起动,电阻 R 均接入定子绕组,以限制制动电流和起动电流。只有当反向转速升高达到 KA-F 动作值时,常开触点 KA-F 闭合,KA_4 和 KM_3 线圈相继得电吸合,切除电阻 R,转速继续升高,直至电动机进入反向正常运行。

该线路可以克服图 3.23 线路的缺点,不会因 KA-Z 或 KA-F 触点的偶然闭合而引起意外事故;且其操作方便,具有触点、按钮双重联锁的功能,运行安全、可靠,是一个较完善的控制线路。

3.4.3 能耗制动控制线路

（1）线路设计思想

能耗制动是一种应用广泛的电气制动方法。该线路的设计思想是在电动机脱离三相交流电源以后，立即将直流电源接入定子绕组，利用转子感应电流与静止磁场的作用产生制动转矩，从而达到制动的目的。由于将直流电源接入定子的两相绕组，绕组中流过直流电流，产生了一个静止不动的直流磁场。此时电动机的转子由于惯性作用仍按原来的方向旋转，转子导体切割直流磁通，产生感生电流。在静止磁场和感生电流相互作用下，产生一个阻碍转子转动的制动力矩，因此电动机转速迅速下降。当转速降至零时，转子导体与磁场之间无相对运动，感生电流消失，制动力矩变为零，电动机停转，再将直流电源切除，制动结束。根据能耗制动时间控制的原则，有采用时间继电器控制与采用速度继电器控制两种形式。

（2）典型线路介绍

1）单向能耗制动控制线路

图3.26为按时间原则控制的单向能耗制动控制线路。

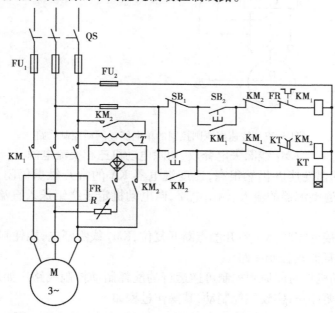

图3.26 按时间原则控制的单向能耗制动控制线路

线路原理为：

• 按起动按钮 SB_2，接触器 KM_1 得电投入工作，使电动机正常运行，接触器 KM_2 和时间继电器 KT 不得电。

• 需要电动机停止时，按下停止按钮 SB_1，KM_1 线圈失电，其主触点断开，电动机脱离三相交流电源。

• 此时，KM_2 与 KT 线圈相继得电，KM_2 主触点闭合，将经过整流后的直流电压通过电阻 R 接至电机两相定子绕组上，使电动机制动。

• 当转子的惯性速度接近零时，时间继电器 KT 的常闭触点延时断开，使接触器 KM_2 线圈和 KT 线圈相继失电,切断能耗制动的直流电源,线路停止工作。

图 3.27 为按速度原则控制的单向能耗制动控制线路。该线路与图 3.26 所示控制线路基本相同,只是在控制电路中取消了时间继电器 KT 的线圈电路,而在电动机轴的伸出端安装了速度继电器 KA,并且用速度继电器 KA 的常开触点取代了时间继电器 KT 延时断开的常闭触点。若欲使电动机停止转动,其操作过程如下:

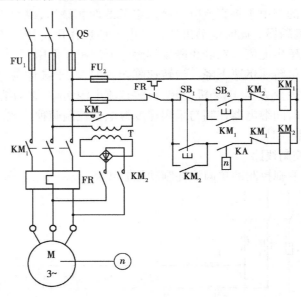

图 3.27　按速度原则控制的单向能耗制动控制线路

● 按停止按钮 SB₁,KM₁ 线圈失电释放,切除电动机三相交流电源。

● 此时,转子的惯性速度仍然很高,速度继电器 KA 的常开触点仍闭合,接触器 KM₂ 得电,主触点闭合,接通整流器的输入、输出电路,向电动机定子绕组送入直流电流,电动机开始制动。

● 待转子转速接近零时,KA 常开触点断开复位,KM₂ 线圈断电,能耗制动结束。

2)可逆运行能耗制动控制线路

图 3.28 为电动机按时间原则控制可逆运行的能耗制动控制线路。如果在电动机正常的正向运行过程中需要停止,实现能耗制动,其操作过程如下:

● 按下停止按钮 SB₁,KM₁ 线圈失电,切断电动机三相交流电源,KM₃ 和 KT 线圈得电并自锁,接通整流器的输入、输出电路,使直流电压送至定子绕组,电动机进行正向能耗制动。

● KM₃ 常闭辅助触头断开,保证在制动时电动机起动电路不被接通。

● 电动机正向转速迅速下降,当转速接近零时,时间继电器 KT 的常开触点经过延时后断开,KM₃ 线圈电路切除直流电源。由于 KM₃ 自锁常开辅助触头恢复常态,随之时间继电器 KT 线圈也失电,正向能耗制动结束。

反向起动和反向能耗制动过程与正向起动和正向能耗制动过程类同。

图 3.29 为按速度原则控制的可逆运行能耗制动控制线路。该线路与图 3.28 的控制线路基本相同。在这里同样用速度继电器 KA 取代了时间继电器 KT。由于速度继电器的触头具有方向性,所以,电动机的正向能耗制动和反向能耗制动,分别由速度继电器的两对常开触

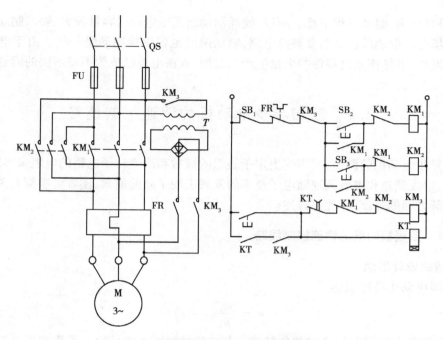

图 3.28　按时间原则控制的可逆运行能耗制动控制线路

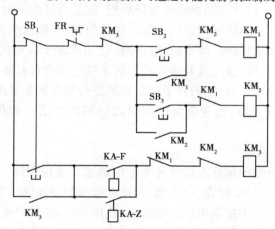

图 3.29　按速度原则控制的可逆能耗制动控制线路

点 KA-Z、KA-F 来控制,代替原线路中的时间继电器 KT 的一对延时断开常闭触点。常开触点 KA-Z 和 KA-F 在电路中是并联的。在该控制线路中,当电动机处于正向能耗制动时,接触器 KM₃ 线圈电路由于自身常开辅助触点和 KA-Z 都闭合而得电。当电动机正向惯性速度接近零时,KA-Z 常开触点复位,KM₃ 线圈失电,切断直流电源,电动机正向能耗制动结束。电动机处于反向能耗制动状态时,KM₃ 线圈依靠自身常开辅助触点和 KA-F 的共同闭合而锁住电源。当反向惯性速度接近零时,KA-F 常开触头复位,KM₃ 线圈断电而切除直流电源,电动机反向能耗制动结束。

　　从能量角度看,能耗制动是把电动机转子运转所储存的动能转变为电能,且又消耗在电动机转子的制动上,与反接制动相比,能量损耗少。在制动时磁场静止不动,不会产生有害的反转,制动停车准确,制动过程平稳。所以,能耗制动适用于电动机容量较大,要求制动平稳和起动频繁的场合。但能耗制动需要整流电路,制动速度也较反接制动慢一些。由于电力电子技术的迅速发展,半导体整流器件的大量生产和使用,直流电源已成为不难解决的问题了。

3.5 三相异步电动机的调速控制线路

三相异步电动机的调速,可用变更定子绕组的极数和改变转子电路的电阻来实现。目前,变频调速、串级调速和电磁调速随电子技术的发展出现了新的前景,读者可参阅有关介绍交流调速系统等方面的书籍,在此不详述。

3.5.1 变更极对数的调速控制线路

(1)线路设计思想

由异步电动机转速表达式

$$n = \frac{60f}{p}(1 - s)$$

可知,电源频率 f 固定以后,电动机的转速 n 与它的极对数 p 成反比。若能变更电动机绕组的极对数,也就变更了转速。设计控制线路的指导思想,就是通过改变电动机定子绕组的外部接线,改变电动机的极对数,从而达到调速的目的。速度的调节,即接线方式的改变,也是采用时间继电器按照时间原则来完成的。改变鼠笼式异步电动机定子绕组的极数以后,转子绕组的级数能够随之变化,也就是说,鼠笼式异步电动机转子绕组本身没有固定的极数。绕线式异步电动机的定子绕组极数改变以后,它的转子绕组必须进行相应的重新组合,而绕线式异步电动机往往无法满足这一要求。所以,变更绕组极对数的调速方法一般仅适用于鼠笼式异步电动机。

(2)变更绕组极对数原理

通常把变更绕组极对数的调速方法简称为变极调速。变极调速是有级调速,速度变换是阶跃式的。这种调速方法简单、可靠、成本低,因此在有级调速能够满足要求的机械设备中,广泛采用多速异步电动机作为主拖动电机。如镗床、铣床等机床,都将采用多速电动机来拖动主轴。常用的变极调速方法有两种,一种是改变定子绕组的接法,即变更定子绕组每相的电流方向;另一种是在定子上设置具有不同极对数的两套互相独立的绕组。有时为了使同一台电动机获得更多的速度等级,往往同时采用上述两种方法,即在定子上设置了两套相互独立的绕组,又使每套绕组具有变更电流方向的能力。

多速电动机一般有双速、三速、四速之分。下面仅以双速异步电动机为例,说明如何用变更绕组接线来实现改变极对数的原理。

双速电动机三相定子绕组接线示意图如图 3.30 所示。图 3.30(a)示出了 △/YY 接线的变换,它属于恒功率调速。当定子绕组 D_1、D_2、D_3 的接线端接电源,D_4、D_5、D_6 接线端悬空时,三相定子绕组接成了三角形(低速)。此时每相绕组中的线圈①、线圈②相互串联,其电流方向如图中虚箭头所示,每相绕组具有 4 个极(即两对极)。若将定子绕组的 D_4、D_5、D_6 三个接线端接电源,D_1、D_2、D_3 接线端短接,则把原来的三角形接线改变为双星形接线(高速),每相绕组中的线圈①与线圈②并联,电流方向如图中实线箭头所示。每相绕组具有两个极（即一对极）。

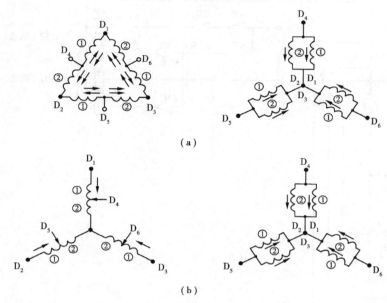

图 3.30　双速电动机定子绕组接线示意图

(a) △/YY 变换　(b) Y/YY 变换

综上可知,变更电动机定子绕组的 △/YY 接线,就改变了极对数。△接线具有四极,对应低速;YY 接线具有两极,对应高速,由此改变了电动机的转速。应当强调指出 ,当把电动机定子绕组的 △接线变更为 YY 接线时,接线的电源相序必须反相,从而保证电动机由低速变为高速时旋转方向的一致性。

图 3.30(b)示出了 Y/YY 的接线变换。它属于恒转矩调速。同理可分析,定子绕组的磁场极数从四极变为二极,对应电动机的低速和高速两个速度等级。

(3) 典型线路介绍

1) 双速电动机调速控制线路

图 3.31 为双速电动机调速控制线路,其线路工作原理为:

* 双投开关 Q 合向"低速"位置时,接触器 KM$_3$ 线圈得电,电动机接成三角形,低速运转。

* 双投开关 Q 置于"空档",电动机停转。

* 双投开关 Q 合向"高速"位置时,时间继电器 KT 得电,其瞬动常开触点闭合,使 KM$_3$ 线圈得电,绕组接成三角形,电动机低速起动。

* 经一定延时,KT 的常开触点延时闭合,常闭触点延时断开,使 KM$_3$ 失电,KM$_2$ 和 KM$_1$ 线圈得电,定子绕组接线自动从三角形切换为双星形,电动机高速运转。

这种先低速起动,经一定延时后自动切换到高速的控制,目的是限制起动电流。

2) 三速异步电动机控制线路

一般三速电动机的定子绕组具有两套绕组,其中一套绕组连接成 △/YY,另一套绕组连接成 Y,如图 3.32 (a)所示。假设将 D$_1$、D$_2$、D$_3$ 接线端接电源时,电动机具有 8 个极,将 D$_4$、D$_5$、D$_6$ 接线端接电源,D$_1$、D$_2$、D$_3$ 互相短接时,电动机具有 4 个极;将 D$_7$、D$_8$、D$_9$ 接线端接电源时,

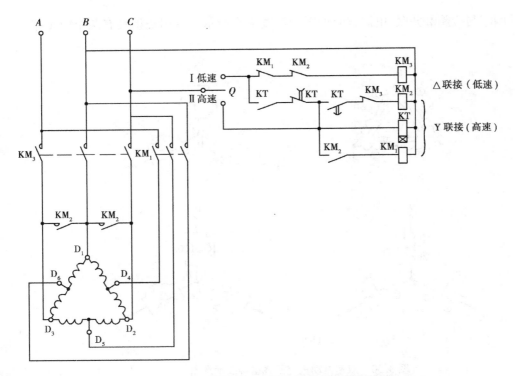

图 3.31 双速电动机调速控制线路

电动机呈 6 个极。故将不同的端头接向电源,电动机便有 8、6、4 三种级别磁极的转速。当只有单独一套绕组工作时(D_7、D_8、D_9 接电源),由于另一套 △/YY 接法的绕组仍置身于旋转磁场中,在其 △ 接线的线圈中肯定要流过环流电流。为避免环流产生,一般设法将绕组接成开口的三角形,如图 3.32 (b) 所示。

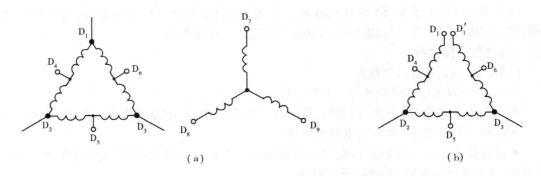

（a）   （b）

图 3.32 三速电动机定子绕组接线示意图

图 3.33 所示为双绕组三速异步电动机的控制线路。该线路的特点是:利用组合开关 SA 的转换,可实现手动变速或自动加速的控制。其线路工作原理为:

●合上电源隔离开关 QS。

●若将组合开关 SA 的手柄扳在位置 2,按下起动按钮 SB_2,信号指示灯 HL1 亮,接触器 KM_1、KM_2 得电吸合,电动机定子第一套绕组的 D_1、D'_1、D_2、D_3 接向电源连成三角形,呈 8 极,电动机低速起动。同时,时间继电器 KT_1 得电。

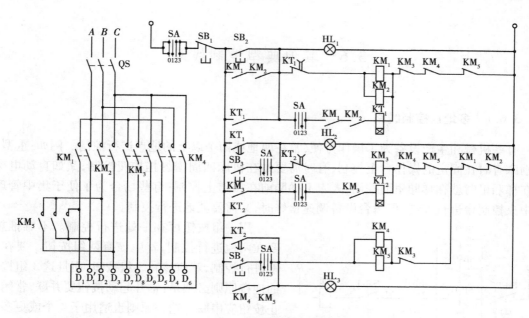

图 3.33　双绕组三速异步电动机的控制线路

- 经一定延时，KT_1 的常闭触点延时断开 KM_1、KM_2 线圈电路，KM_1、KM_2 复位，使 D_1、D'_1、D_2、D_3 端子脱离电源，指示灯 HL_1 熄灭。

- 同时，KT_1 的常开触点延时闭合，指示灯 HL_2 亮，使接触器 KM_3 和时间继电器 KT_2 相继得电；电动机第二套绕组 D_7、D_8、D_9 接线端接向电源，联成星形，呈 6 极，电动机加速运转。

- 经一定延时，KT_2 的常闭触点延时断开 KM_3 线圈电路，KM_3 释放，使 D_7、D_8、D_9 端子脱离电源，信号指示灯 HL 熄灭。

- 同时，KT_2 的常开触点延时闭合，接触器 KM_4、KM_5 得电并自锁，指示灯 HL_3 亮。电动机定子第一套绕组的 D_4、D_5、D_6 端接电源，D_1、D'_1、D_2、D_3 端短接，联成双星形，呈 4 极，电动机加速至最高转速稳定运行。

- 欲要停车，按停止按钮 SB_1 即可。

若要进行手动变速，先将组合开关 SA 的手柄扳在位置 1，使时间继电器 KT_1、KT_2 不起作用。要想得到某种转速，只需按下对应的起动按钮 SB_2 或 SB_3 或 SB_4，就能达到目的。当电动机在某种转速下稳定运行时，若要改变转速，应先按停止按钮 SB_1，再按需求速度的按钮。否则，会因为接触器触点之间的相互联锁而无法实现变速。

3.5.2　变更转子外加电阻的调速控制线路

变更转子外加电阻的调速方法，只能适用于绕线式异步电动机。串入转子电路的电阻不同，电动机工作在不同的人为特性上，从而获得不同的转速，达到调速的目的。尽管这种调速方法把一部分电能消耗在电阻上，降低了电动机的效率，但是由于该方法简单，便于操作，所以目前在吊车、起重机一类生产机械上仍被普遍地采用。具体调速控制线路见第 6 章第 3 节的桥式起重机电气控制系统。

3.6 其他典型控制线路

3.6.1 多地点控制线路

有些机械和生产设备为了操作方便,常在两地或两个以上的地点进行控制。例如:重型龙门刨床有时在固定的操作台上控制,有时需要站在机床四周围悬挂按钮控制;又如自动电梯,人在梯厢里时就在梯厢里面控制,人未上梯厢前在楼道上控制;有些场合为了便于集中管理,由中央控制台进行控制,但每台设备调速检修时,又需要就地进行控制。

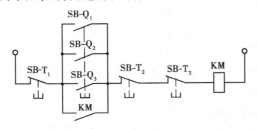

图 3.34 多地点控制线路

用一组按钮可在一处进行控制。不难推想,要在两地进行控制,就应该有两组按钮。要在三地进行控制,就应该有 3 组按钮,而且这 3 组按钮的连接原则必须是:常开起动按钮要并联,常闭停止按钮应串联。这一原则也适用于 4 个或更多地点的控制。图 3.34 就是实现三地控制的控制电路。图中 SB-Q_1 和 SB-T_1,SB-Q_2 和 SB-T_2,SB-Q_3 和 SB-T_3 各组装在一起,分别固定于生产设备的 3 个地方,就可有效地进行三地控制。

3.6.2 顺序起停控制线路

在机床的控制线路中,常常要求电动机的起停要有一定的顺序。例如,铣床的主轴旋转后,工作台方可移动;龙门刨床在工作台移动前,导轨润滑油泵要先起动等等。顺序起停控制线路,有顺序起动、同时停止控制线路;有顺序起动、顺序停止控制线路;还有顺序起动、逆序停止控制线路。

图 3.35 为顺序起停控制线路。接触器 KM_1、KM_2 分别控制电动机 M_1 和 M_2。

图 3.35(a)为顺序起动、同时停止控制线路。在该线路中,只有接触器 KM_1 先得电吸合后,接触器 KM_2 才能得电;即 M_1 先起动,M_2 后起动。按停止按钮 SB_1 时,KM_1 和 KM_2 同时失电,即 M_1 和 M_2 同时停转。

图 3.35(b)为顺序起动、顺序停止控制线路。在该线路中,当 KM_1 得电吸合后,KM_2 才能通电,即 M_1 先起动,M_2 后起动。断电时,KM_1 先复位,KM_2 后复位,即先停 M_1 再停 M_2。

图 3.35(c)为顺序起动、逆序停止控制线路。起动时,先 KM_1 后 KM_2 顺序得电,即先 M_1 后 M_2 的顺序起动。断电时,先 KM_2 后 KM_1 顺序复位,即按先 M_2 后 M_1 的顺序。

顺序起停控制线路的控制规律是:把控制电动机先起动的接触器常开触点,串联在控制后起动电动机的接触器线圈电路中,用两个(或多个)停止按钮控制电动机的停止顺序,或者将先停的接触器常开触点与后停的停止按钮并联即可。掌握了上述规律性,设计顺序控制线路就是一件不难的事情了。

3.6.3 步进控制线路

在程序预选自动化机床以及简易顺序控制装置中,程序依次自动转换,主要依靠步进控制

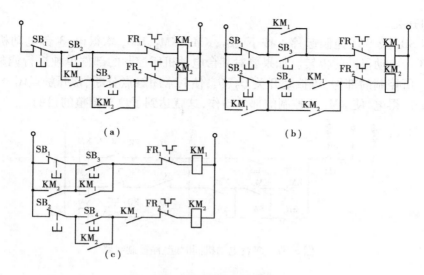

图 3.35 顺序起停控制线路

线路完成。图 3.36 为采用中间继电器组成的顺序控制 3 个程序的步进控制线路。其中 Q_1、Q_2、Q_3 分别代表第一至第三程序的执行电路,而每一程序的实际内容是根据具体要求另行设计的。每当程序执行完成时,分别由 SQ_1、SQ_2、SQ_3 发出控制信号。

线路工作原理为:

● 按下起动按钮 SB_2,使中间继电器 KA_1 线圈得电并自锁,Q_1 也将持续得电,执行第一程序;同时 KA_1 的常开触点闭合,为 KA_2 线圈得电做好准备。

● 当第一程序执行结束,信号 SQ 闭合,使 KA_2 线圈得电并自锁,KA_2 常闭触点断开,切断 KA_1 和 Q_1,即切断第一程序。Q_2 也持续得电,执行第二程序,而 KA_2 的常开触点闭合,为 KA_3 线圈得电做好准备。

● ……

● 当第三程序执行结束时,信号 SQ_3 闭合,使 KA_4 线圈得电并自锁,KA_3 释放切断第三程序。此刻,全部程序执行完毕。

● 按 SB_1 停止按钮,为下一次起动做好准备。

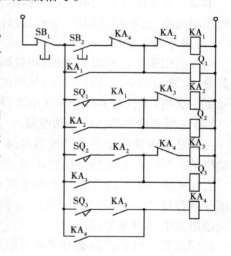

图 3.36 中间继电器组成的步进控制线路

该线路以一个中间继电器的"得电"和"失电",表征某一程序的开始和结束。它采用顺序控制线路,保证只有一个程序在工作,不至引起混乱。

3.6.4 多台电动机同时起、停电路

组合机床通常应用动力头对工件进行多头多面同时加工(动力头是指使刀具得到旋转运动的部件),这就要求控制电路具有对多台电动机既能实现同时起动又能实现单独调整的性能。图 3.37 所示电路可以满足上述要求。

图中 KM_1、KM_2、KM_3 分别为 3 台电动机的起动接触器;Q_1、Q_2、Q_3 是 3 台供电动机分别单

独调整用的开关。

由按钮 SB_2 及 SB_1 控制起停。按下 SB_2，KM_1、KM_2、KM_3 均得电，3 台电动机同时起动。按下 SB_1，3 台电动机同时停转。如果要对某台电动机所控制的部件单独进行调整，比如要单独调整 KM_1 所控制的部件，可扳动开关 Q_2、Q_3，使其常闭触点分断、常开触点闭合。这时按动 SB_2，仅有 KM_1 得电，使 KM_1 所控制的部件动作，这就达到了单独调整的目的。

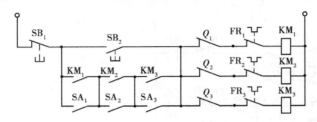

图 3.37　多台电动机同时起、停控制线路

小　结

本章介绍了电气图的有关国家标准，重点介绍了感应电动机的起动、制动、调速等基本环节的控制电路，这些都是阅读、分析、设计生产机械设备电气电路的基础，因此必须熟练掌握。

（1）关于国家标准

电气图用图形符号现在贯彻 GB4728.1～GB4728.13，与旧标准 GB312—64 相比存在很大的差异，需要加强学习与适应。电气图的文字符号由新国标 GB7159—87《电气技术中的文字符号制定通则》来代替 GB315-64《电工设备文字符号编制通则》。

（2）三相感应电动机的起动控制

三相感应电动机全压起动控制电路不论是单向运行还是可逆运行，大都采用接触器控制。电动机的正反转控制电路必须有互锁，使得换向时不发生短路并能正常工作。

三相感应电动机降压起动控制电路有手动和自动控制两种。对于自动控制电路，无论是自耦变压器降压、Y-△降压、还是△-△降压，其电路都是按照时间原则来进行设计的，即利用时间继电器的延时来完成的。

绕线式异步电动机起动时转子可串入平衡或不平衡电阻及频敏变阻器。起动控制也有手动控制和自动控制。自动控制可采用时间继电器或电流继电器自动逐步短接转子外接电阻。

（3）三相感应电动机制动控制

三相感应电动机制动控制有手动控制及自动控制方式。反接制动可用速度继电器控制，但绝对不允许采用时限方式控制。反接制动时，旋转磁场的相对速度很大，定子电流也很大，因此制动效果显著。但在制动过程中有冲击，对传动部件有害，能量消耗较大，故用于不太经常制动的设备。能耗制动既可用速度继电器控制，也可用时间继电器控制。与反接制动相比，能量损耗小，适用于系统惯性较小，要求制动频繁的场合。

此外还介绍了变极调速、其他典型控制电路的组成及基本原理。

习　题

3.1　鼠笼式异步电动机在什么情况下采用降压起动？几种降压起动方法各有什么优缺点？

3.2　图 3.38 所示,线路能否实现正常的起动和停止？若不能,请改正之。

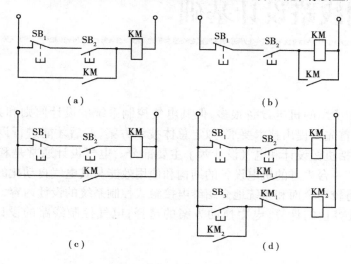

（a）　　　　　　　　　　　（b）

（c）　　　　　　　　　　　（d）

图 3.38

3.3　热继电器能否用来作短路保护？

3.4　在图 3.2 中,若接触器 KM 的辅助常开触点损坏不能闭合,则在操作时会发生什么现象？

3.5　设计一个异步电动机的控制线路,其要求如下:
①能实现可逆长动控制;
②能实现可逆点动控制;
③有过载、短路保护。

3.6　图 3.39 所示线路可以使一个机构向前移到指定位置上停一段时间,再自动返回原位。试叙述其动作过程。

3.7　试设计在甲、乙两地控制两台电机的控制线路。

3.8　试设计某机床工作台每往复移动一次时,就发生控制信号,以改变主轴电动机的旋转方向的控制电路。

3.9　试设计一个线路,其要求是:
①M₁ 起动 10s 后,M₂ 自动起动;
②M₂ 运行 5s 后,M₁ 停止,同时 M₃ 自动起动;
③再运行 15s 后,M₂ 和 M₃ 全部停止。

3.10　试分析图 3.24 线路的工作原理。

3.11　试设计按速度原则实现单向反接制动的控制线路。

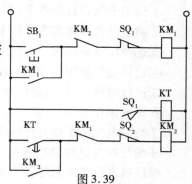

图 3.39

第4章

电气控制线路设计基础

在工业生产中所用的机电设备很多,但其电气控制系统的设计原则和方法却基本相同。设计一台新设备,首先要提出技术要求,拟定总体技术方案,然后才能进行设计工作。机电设备的设计工作,包括机械设计和电气设计两个主要部分。电气设计通常是和机械设计同时开始和同时进行的。一台先进的机电设备的结构和使用效能与其电气自动化的程度有着十分密切的关系。本章将较为全面和系统地介绍继电接触式控制系统的设计内容,设计方法与步骤,设计原则,电动机容量的计算,电力拖动方案的选择,电气控制线路的设计,控制电器的选择等。

4.1 电气设计的主要内容

机械设备电气设计一般包括以下两部分内容:

①确定拖动方案和选择电动机,前者是指选择交流拖动方案还是直流拖动方案;后者是指选择电动机的型号及容量。

②设计电气自动控制线路,并据此选择电器元件和设计电气原理图、安装图及互连图。

4.1.1 电气设计的一般内容

①拟定电气设计任务书(技术条件);

②确定电力传动方案和控制方案;

③选择传动电动机;

④设计电气原理图(包括主、辅助电路);

⑤选择电气元件,制定电气元件或装置易损件及备用件的明细表;

⑥设计操作台、电气柜、电气安装板以及非标准电器和专用安装零件;

⑦绘制电气装配图和接线图;

⑧编写电气原理说明书和使用说明书,包括操作顺序说明、维修说明及调整方法。

根据机电设备的总体技术要求和电气系统的复杂程度不同,可对上述步骤作适当调整,某些图纸和技术条件也可适当合并或增删。

4.1.2　电气设计的技术条件

作为电气设计依据的技术条件,通常是以设计技术任务书的形式表达,它是整个电气设计的依据。在任务书中,除应简单说明所设计的机械设备的型号、用途、工艺过程、技术性能、传动方式、工作条件、使用环境等以外,还必须着重说明:

①用户供电系统的电压等级、频率、容量及电流种类。

②有关操作方面的要求,如操作台的布置,操作按钮的设置和作用,测量仪表的种类、故障报警和局部照明要求等。

③有关电气控制的特性,如电气控制的基本方式,自动工作循环的组成,动作程序,限位设置,电气保护及联锁条件等。

④有关电力拖动的基本特性,如电动机的数量和用途,各主要电动机的额定功率、负载特性、调速范围和方法,以及对起动、反向和制动控制的要求等。

⑤生产机械主要电气设备(如电动机、执行电器和行程开关等)的布置草图和参数。

电气设计的技术条件,是由参与设计的各方面人员根据所需设计的机电设备的总体技术要求共同讨论拟定的。

4.1.3　电气传动形式的选择

电气传动形式的选择是电气设计的主要内容之一。一个电气传动系统一般由电动机、电源装置及控制装置 3 部分组成。电源装置和控制装置紧密相关,一般放在一起考虑。3 部分各自有多种设备或线路可供选择,设计时应根据生产机械的负载特性、工艺要求及环境条件和工程技术条件选择电气传动方案。它是由工程技术条件来确定的。现分述如下:

(1)电气传动方式

电气传动方式的选择,是根据生产机械的负载特性、工艺及结构的具体情况决定选用电动机的种类、数量,是单机拖动,还是多机拖动。

1)单机拖动

一台设备只有一台电动机,通过机械传动链将动力传送到每个工作机构。

2)分机拖动

一台设备由多台电动机分别驱动各个工作机构。例如:有些金属切削机床,除必须的内在联系外,主轴、每个刀架、工作台及其他辅助运动机构,都分别由单独的电动机驱动。

电气传动发展的趋向是电动机逐步接近工作机构,形成多电动机的传动方式。这样,不仅能缩短机械传动链,提高传动效率,便于自动化,而且也能使总体结构得到简化。在具体选择时,要根据工艺及结构的具体情况选用电动机的数量。

近年来,随着电力电子及控制技术的发展,交流调速装置的性能与成本已能和直流调速装置竞争,越来越多的直流调速应用领域被交流调速占领;再者交流电动机具有结构简单,价格便宜,维护工作量小等优点。因此在交流电动机能满足生产需要的场合都应采用交流电动机。具体应考虑以下几点:

①需调速的机械,包括长期工作制、短时工作制和重复短时工作制机械,应采用交流电动机。

②在环境恶劣场合,例如高温、多尘、多水汽、易燃、易爆等场合,宜采用交流电动机。

③电动机的结构型式应当适应机械结构的要求,再考虑到现场环境,可选用防护式、封闭式、防腐式、防爆式以及变频器专用电动机等结构型式。

(2)调速性能

许多机械设备从工艺和节能诸方面,均有调速要求。

比如,金属切削机床的主运动和进给运动,起吊设备、机械手的某些运动机械,以及要求具有快速平稳的动态性能和准确定位的设备(如:龙门刨床、镗床、数控机床等),都要求一定的调速范围。为了达到一定的调速范围,可采用齿轮变速箱、液压调速装置,双速或多速电动机以及电气的无级调速传动方案。在选择调速方案时,可参考以下几点。

1)重型或大型设备

主运动及进给运动,尽可能采用无级调速。这有利于简化机械结构,缩小齿轮箱体积,降低制造成本,提高机床利用率。

2)精密机械设备

坐标镗床、精密磨床、数控机床以及某些精密机械手,为了保证加工精度和动作的准确性,便于自动控制,也应采用电气无级调速方案。

电气无级调速,一般应用较先进的可控硅——直流电动机调速系统。但直流电动机与交流电动机相比,体积大、造价高、可靠性差、维护困难。因此,随着交流调速技术的发展,通过全面经济技术指标分析,可以考虑交流调速系统。

3)一般中小型设备

如普通机床没有特殊要求时,可选用经济、简单、可靠的三相鼠笼式异步电动机,配以适当级数的齿轮变速箱。为了简化结构,扩大调速范围,也可采用双速或多速的鼠笼式异步电动机。

在选用三相鼠笼式异步电动机的额定转速时,应满足工艺条件要求,选用二极的(同步转速 3 000r/min)、四极的(同步转速 1 500r/min)或更低的同步转速,以便简化传动链,降低齿轮减速箱的制造成本。

(3)负载特性

不同机电设备的各个工作机构,具有各自不同的负载特性$[P = f(n), M = f(n)]$,如机床的主运动为恒功率负载,而进给运动为恒转矩负载。

在选择电动机调速方案时,要使电动机的调速特性与负载特性相适应,以求得电动机充分合理的应用。例如,双速鼠笼式异步电动机,当定子绕组由三角形联接改接成双星形联接时,转速增加一倍,功率却增加很少。因此,它适用于恒功率传动,对于低速为星形联接的双速电机改接成双星形后,转速和功率都增加一倍,而电动机所输出的转矩却保持不变,它适用于恒转矩传动。他激直流电动机的调磁调速属于恒功率调速,而调压调速则属于恒转矩调速。

(4)起动、制动和反向要求

一般说来,电气传动控制的目的,就是通过电气控制装置控制电动机的起动、停止、制动和反转等要求来满足生产机械的工艺要求的。由电动机完成机械设备的起停、制动和反向等动作,要比机械方法简单容易,因此,机电设备主轴的起动、停止、正反转和调整等操作,只要条件允许均应由电动机完成。

机械设备主运动传动系统的起动转矩一般都比较小,因此,原则上可采用任何一种起动方式。对于它的辅助运动,在起动时往往要克服较大的静转矩,所以在必要时也可选用高起动转矩的电动机,或采用提高起动转矩的措施。另外,还要考虑电网容量。对于电网容量不大而起动电流较大的电动机,一定要采取限制起动电流的措施,如采用降压起动,软起动等方式,以免电网电压波动较大而造成事故。传动电动机是否需要制动,应视机电设备工艺要求而定。对于某些高速高效金属切削机床,为了便于测量和装卸工件或者更换刀具,常采用电动机制动。如果对于制动的性能无特殊要求而电动机又不需要反转时,则采用反接制动可使线路简化。在要求制动平稳、准确,即在制动过程中不允许有反转可能性时,则宜采用能耗制动方式。在起吊运输设备中也常常采用具有联锁保护功能的电磁机械制动(俗称电磁抱闸),有些场合也采用再生发电制动(回馈制动)。当采用变频调速时,可根据需要设定不同的制动方式。

电动机的频繁起动,反向或制动会使过渡过程中的能量损耗增加,导致电动机的过载。因此在这种情况下,必须限制电动机的起动或制动电流,或者在选择电动机的类型时加以考虑。如龙门刨床,电梯等设备常要求起动、制动、反向快速而平稳;有些机械手、数控机床、坐标镗床除要求起动、制动、反向快速而平稳外,还要要求准确定位。这类高动态性能的设备需要采用反馈控制系统、步进电机系统、变频调速系统以及其他较复杂的控制手段来满足上述要求。

4.1.4　电气控制方案的确定

合理选择电气控制方案是安全、可靠、优质、经济地实现工艺要求的重要步骤。在相同的设计条件下达到同样的控制指标,可以几种电路结构和控制形式。往往要经过反复比较,综合考虑其性能、设备投资、使用周期、维护检修、发展趋势等各方面因素,才能最后确定选用哪种方案。选择控制方案遵循的主要原则是:

(1)自动化程度要与国情相适应

为了实现四个现代化,要尽可能采用最新科技成果,但也要考虑到与企业经济实力相适应,不可脱离国情。

(2)控制方式应与设备通用化和专用化的程度相适应

对于一般的普通机床和专用机械设备,其工作程序往往是固定的,使用时不改变原有的工作程序。若采用固定式的"逻辑"或"步进"控制线路,可以最大限度地简化控制线路。既降低了设备投资,由于电路元件和接触点的减少,又降低了故障率。反之,对于经常变换加工对象的工作母机和需要经常变换工作程序的机器,则可采用顺序控制电路和顺序控制器产品。

目前,微处理器已进入机床、自动线、机械手的控制领域,并显示出灵活、可靠、控制功能强、体积小等优越性,受到电气设计者越来越多的关注。

(3)控制方式随控制过程的复杂程度而变化

在生产机械自动化中,随控制要求和联锁条件的复杂程度不同,可以采用分散控制或集中控制的方案。但是各台单机的控制方案和基本控制环节应尽量一致,以便简化设计和制造过程。在满足生产要求的前提下,应力求使控制线路简单经济。

(4)控制系统的工作方式,应在经济、安全的前提下,最大限度地满足工艺要求

选择控制方案,应考虑采用自动循环或半自动循环,并考虑手动调整,工序变更,系统的检测,各个运动之间的联锁,以及各种安全保护,故障诊断,信号指示,照明及人机关系等。

4.2 电气设计的一般原则

电气控制线路的设计是在传动形式及控制方案选择的基础上进行的,是传动形式与控制方案的具体化。由于设计是灵活多变的,没有固定的方法和模式,即使是同一个电路的功能结构,不同人员设计出来的线路可能完全不同,甚至面目全非。因此,作为设计人员,应该随时发现和总结经验,不断丰富自己的知识,开阔思路,才能做出最为合理的设计。一般,电气控制系统应满足生产机械加工工艺的要求,线路要安全可靠,操作和维护方便,设备投资少等。为此,必须正确地设计控制电路,合理地选择电器元件。一般在设计时应该遵循以下原则:

4.2.1 最大限度地实现生产机械和工艺对电气控制线路的要求

在设计之前,要调查清楚生产要求,对机械设备的工作性能,结构特点和实际加工情况有充分的了解。生产工艺要求一般是由机械设计人员提供的,常常是一般性原则意见,这就需要电气设计人员深入现场对同类或接近的产品进行调查,收集资料,加以分析和综合,从而作为设计电气控制线路的依据。并在此基础上来考虑控制方式,起动、反向、制动及调速的要求,设置各种联锁及保护装置。

4.2.2 在满足生产要求的前提下,力求使控制线路简单、经济

1)尽量选用标准的、常用的或经过实际考验过的环节和线路。

2)尽量缩短连接导线的数量和长度。

设计控制电路时应考虑到各元件之间的实际位置,如电气柜、操作台、限位开关等,如图4.1(a)、(b)所示,仅从控制线路上分析,没有什么不同,但若考虑实际接线,图4.1(a)就明显不合理。因为按钮在操作台上,而接触器在电气柜内,这样就需要由电气柜二次引出较长的连接线到操作台的按钮上。所以,一般都将起动按钮和停止按钮直接连接,这样就可以减少一次引出线,见图4.1(b)。特别要注意,同一电器的不同触点在线路中应尽可能具有更多的公共接线,这样,可以减少导线数和缩短导线的长度。

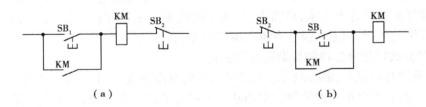

（a）　　　　　　　　　　　　　（b）

图4.1　电器连接图

3)尽量减少电器的数量,采用标准件,尽可能选用相同型号的电器元件,以减少备用量。

4)尽量减少不必要的触点,简化电路。在满足动作要求的条件下,电器元件愈少其触头也愈少,控制线路的故障机会率就愈低,工作的可靠性愈高。常用的方法有:

①合并同类触点。如图4.2所示,在获得同样功能情况下,4.2(b)图比4.2(a)图在电路上少了一对触头。但是在合并触头时应注意触头对额定电流值的限制。

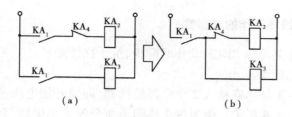

图 4.2　同类触头的合并

②利用转换触点。利用具有转换触头的中间断电器，将两触头合并成一对转换触头，如图 4.3 所示。

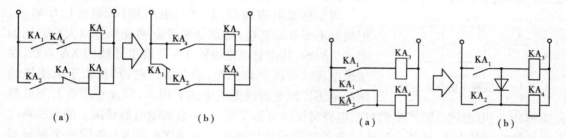

图 4.3　转换触头的应用

图 4.4　利用二极管等效

③利用半导体二极管的单向导电性来有效减少触头数，如图 4.4 所示。对于弱电电气控制电路，这样做既经济又可靠。

④利用逻辑代数进行化简，以便得到最简化的线路。

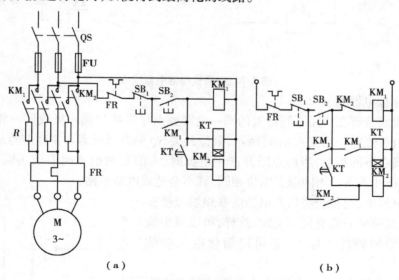

图 4.5　减少通电电路

5)线路在工作时,除必要的电路必须通电外,其余的尽量不通电以节约电能,并延长电路的使用寿命。由图 4.5(a)可知,接触器 KM$_2$ 得电后,接触器 KM$_1$ 和时间继电器 KT 就失去了作用,不必继续通电,但它们仍处于带电状态。图 4.5(b)线路比较合理。在 KM$_2$ 得电后,切断了 KM$_1$ 和 KT 的电源,节约了电能,并延长了该电器的寿命。

4.2.3 保证控制线路工作的可靠性

1）选用的电器元件要可靠、牢固、动作时间少、抗干扰性能好。

2）正确连接电器的线圈。

在交流控制电路中不能串联接入 2 个电器的线圈,即使外加电压是两个线圈额定电压之和,也是不允许的,如图 4.6 所示。因为每个线圈上所分配到的电压与线圈阻抗成正比,两个电器动作总是有先有后,还可能同时吸合。若接触器 KM_2 先吸合,线圈电感显著增加,其阻抗比未吸合的接触器 KM_1 的阻抗大,因而在该线圈上的电压降增大,使 KM_1 的电压达不到动作电压。因此,若需两个电器同时动作时,其线圈应该并联连接。

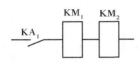

图 4.6 线圈不能串联连接

对于直流电磁线圈,只要其电阻相同,是可以串联的。但最好不要并联连接,特别是两者电感量相差较大时。例如图 4.7 所示,其中直流电磁铁 YA 与继电器线圈 KA 并联,在接通电源时可以正常工作,但在断开电源时,由于电磁铁线圈的电感比继电器线圈的电感大得多,因此在断电时继电器很快释放,但电磁铁线圈产生的自感电势将使继电器又吸合,一直到继电器线圈上的电压再次下降到释放值时为止,这就会造成继电器的误动作。解决办法是 YA 和 KA 各用一个接触器 KM 的触点来控制。

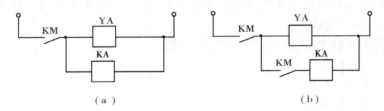

图 4.7 电磁铁与继电器线圈

3）正确连接电器的触点。

设计时应使分布在线路不同位置的同一电器触点尽量接到同一极或同一相上,以避免在电器触点上引起短路。见图 4.8(a)所示,限位开关 SQ 的常开触点与常闭触点靠得很近,而在电路中分别接在不同相上,当触点断开产生电弧时,可能在两触点间形成飞弧而造成电源短路,若改接成图 4.8(b),因两触点电位相同,就不会造成电源短路。

在控制电路中,应尽量将所有电器的联锁触点接在线圈的左端,线圈的右端直接接电源,这样,可以减少线路内产生虚假回路的可能性,还可以简化电气柜的出线。

4）在控制线路中,采用小容量继电器的触点来断开或接通大容量接触器的线圈时,要计算继电器触点断开或接通容量是否足够,不够时必须加小容量的接触器或中间继电器,否则工作不可靠。增加接通容量用多触头并联,增加能力用多触头串联。

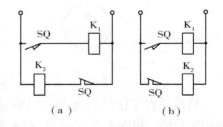

图 4.8 正确连接电器的触点

5）在频繁操作的可逆线路中,正反向接触器应加重型的接触器,且应有电气和机械的联锁。

6）在线路中应尽量避免许多电器依次动作才能接通另一个电器的控制线路。

7）防止触点竞争现象。图4.9（a）所示为用时间继电器的反身关闭电路。当时间继电器 KT 的常闭触点延时断开后，时间继电器 KT 线圈失电，又使经 t_s 秒延时断开的常闭触点闭合，以及经 t_1 秒瞬时动作的常开触点断开。若 $t_s > t_1$ 则电路能反身关闭；若 $t_s < t_1$，则继电器 KT 再次吸合…，这种现象就是触点竞争。在此电路中，增加中间继电器 KA 便可以解决，如图4.9（b）所示。

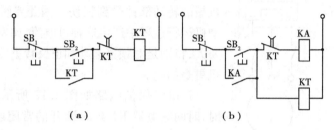

（a）　　　　　　　　（b）

图4.9　反身自停电路

8）设计的线路应能适应所在电网情况，如电网容量的大小，电压频率的波动范围，以及允许的冲击电流数值等。据此决定电动机的起动方式是直接起动还是间接（降压）起动。

9）防止寄生电路。控制电路在正常工作或事故情况下，发生意外接通的电路叫寄生电路。若控制电路中存在寄生电路，将破坏电器和线路的工作顺序，造成误动作。图4.10 所示电路在正常工作时能完成正、反向起动，停止和信号指示，但当热继电器 FR 动作时，线路出现了寄生电路，如图4.10 中虚线所示，使正向接触器 KM$_1$ 不能释放，起不了保护作用。

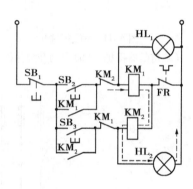

图4.10　寄生电路

4.2.4　控制线路工作的安全性

电气控制线路应具有完善的保护环节，用以保护电网、电动机、控制电器以及其他电器元件，消除不正常工作时的有害影响，避免因误操作而发生事故。在自动控制系统中，常用的保护环节有短路、过流、过载、过压、失压、弱磁、超速、极限等。有时还设有合闸、正常工作、事故、分闸等指示信号。

（1）短路保护

当电路发生短路时，短路电流引起电器设备绝缘损坏和产生强大的电动力，使电机和电路中的各种电器设备产生机械性损坏，因此当电路出现短路电流时，必须迅速而可靠的断开电源。图4.11（a），为采用熔断器作短路保护的电路。当主电机容量较小，其控制电路不需另设熔断器，主电路中熔断器也作为控制电路的短路保护。当主电机容量较大，则控制电路一定要单独设置短路保护熔断器。

图4.11（b）为采用自动开关作短路保护的电路。既作为短路保护，又作为过载保护，其过

流线圈用做短路保护。线路出故障时,自动开关动作,事故处理完重新合上开关,线路则重新运行工作。

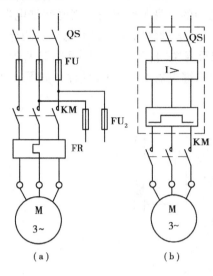

图 4.11　短路保护
(a)熔断器保护　(b)自动开关保护

(2)过电流保护

不正确的启动和过大负载,也常常引起电动机很大的过电流。由此引起的过电流,一般比短路电流要小。过大的冲击负载,使电动机流过过大的冲击电流,以致损坏电动机的换向器;同时,过大的电动机转矩也会使机械的转动部件受到损伤。因此要瞬时切断电源在电动机运行过程中产生这种过电流,比发生短路的可能性要大,特别是对频繁起动和正反转重复短时工作的电动机更是如此。

过电流保护电路如图 4.12 所示。当电动机起动时,时间继电器 KT 延时断开的常闭触点还未断开,故过电流继电器 KA 的过电流线圈不接入电路,尽管此时起动电流很大,过电流保护仍不动作。当起动结束后,KT 的常闭触点经过延时已断开,将过电流线圈接入电路,过电流继电器开始起保护作用。

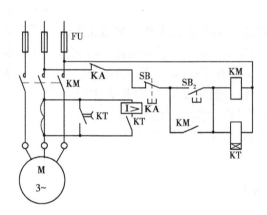

图 4.12　过电流保护

(3)过载保护

电动机长期超载运行,其绕组的温升将超过允许值而损坏,所以应设过载保护环节。此种保护多采用热继电器为保护元件。热继电器具有反时限特性,但由于热惯性的关系,热继电器不会受短路电流的冲击而瞬时动作。当有 8 ～ 10 倍额定电流通过热继电器时,需经 1 ～ 3s 动作,这样,在热继电器动作前,就可能使热继电器的发热元件已烧坏。所以,在使用热继电器做过载保护时,还必须装有熔断器或过流继电器配合使用。图 4.13(a)所示为两相保护,适用于保护电动机任一相断线或三相均衡过载时。但当三相电源发生严重不平衡或电动机内部短路、绝缘不良等,有可能使某一相电流比其他两相高,则上述两电路就不能可靠进行保护,图 4.13(b)为三相保护,可以可靠的保护电动机的各种过载情况。

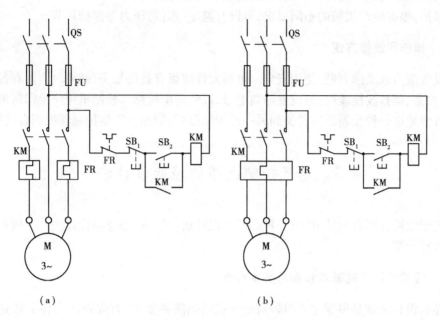

图 4.13　过载保护电路

(a)两相保护　(b)三相保护

(4)失压保护

在电动机正常工作时,如果因为电源电压的消失而使电动机停转,那么,在电源电压恢复时,电动机就会自行起动。电动机的自起动可能造成人身事故或设备事故。防止电压恢复时电动机自起动的保护称失压保护。它是通过关联在起动按钮上的接触器的常开触头,或通过并联在主令控制器的零位闭合触头上零位继电器的常开触头,来实现失压保护的,即自锁控制,如图 4.14 所示。

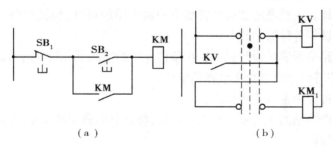

图 4.14　失压保护

(a)按钮控制　(b)主令控制器控制

(5)弱磁保护

直流并励电动机、复励电动机在磁场减弱或磁场消失时,会引起电动机"飞车"。因此,要加强弱磁保护环节,弱磁继电器的吸上值,一般整定为额定励磁电流的 0.8 倍。对于调磁调速的电机,弱磁继电器的释放值为最小励磁电流的 0.8 倍。

(6)极限保护

某些直线运动的生产机械,常设极限保护,是由行程开关的常闭触头来实现的。如龙门刨

121

床的刨台,设有前后极限保护;矿井提升机,设上、下极限保护。

其他保护,根据生产机械的不同要求,可设有温度、水位、压力等保护环节。

4.2.5 操作和维修方便

电器设备应力求维修方便,使用安全。电器元件应留有备用触头,必要时应留有备用电器元件,以便检修、调整改接线路;应设置隔离电器,以免带电检修。控制机构应操作简单、便利,能迅速而方便地由一种控制形式转换到另一种控制形式,例如由手动控制转换到自动控制。

4.3 电气控制线路的经验设计法

电气控制线路有两种设计方法,一种是经验设计法,另一种是逻辑设计法。下面首先对经验设计法进行介绍。

4.3.1 经验设计法的基本步骤与基本特点

所谓经验设计法就是根据生产机械对电气控制电路的要求,首先设计出各个独立环节的控制电路或单元电路,然后根据生产工艺要求找出各个控制环节之间的相互关系,进一步拟定联锁控制电路及进行辅助电路的设计,最后再考虑减少电器与触头数目,努力取得较好的技术经济效果。

经验设计法的基本步骤:

一般的生产机械电气控制电路设计包括主电路、控制电路和辅助电路等的设计。

①主电路设计。主要考虑电动机的起动、点动、正反转、制动及多速电动机的调速。

②控制电路设计。主要考虑如何满足电动机的各种运转功能及生产工艺要求,包括实现加工过程自动或半自动的控制等。

③辅助电路设计。主要考虑如何完善整个控制电路的设计、包括短路、过载、零压、联锁、照明、信号、充电测试等各种保护环节。

④反复审核电路是否满足设计原则。在条件允许的情况下,进行模拟试验,直至电路动作准确无误,并逐步完善整个电器控制电路的设计。

在具体的设计过程中常有两种作法:

第一种根据生产机械的工艺要求与工作过程,将现有的典型环节集聚起来加以补充修改,综合成所需的控制线路。

第二种在找不到现有的典型环节时,则根据生产机械的工艺要求与工作过程自行设计,边分析边画图,将输入的主令信号经过适当的转换,得到执行元件所需的工作信号。

这种方法在设计过程中,要随时增加电器元件和触点,以满足所给定的工作条件。这种方法易于掌握,但不易获得最佳方案,设计出来后还要反复审核电路的动作情况。有条件者可进行模拟试验,直至电路动作准确无误,完全满足控制要求为止。

4.3.2 经验设计法的设计举例

下面以铣床加工自动控制线路为例说明经验设计法。

（1）铣床加工的工艺要求

某箱体需加工两侧平面,加工的方法是将箱体夹紧在滑台上,两侧平面用左右动力头铣削加工。加工前滑台速度快速移动到加工位置,然后改为慢速进给,快进速度为慢进速度的20倍,滑台速度的改变是由齿轮变速机构和电磁铁来实现的。即电磁铁吸合时为快进,电磁铁放松时为慢进。

滑台从快速移动到慢速进给应自动变换,切削完毕要自动停车,由人工操作滑台快速退回。本专用机床共有三台异步电动机。两个动力头电机均为 4.5kW,只需单向运转。而滑台电动机功率为 1.1kW,需正反转。

（2）控制线路的设计

1）主回路设计

KM_1 与 KM_2 分别控制滑台的电动机正反转,KM_3 控制左右铣头,因为左右铣头的工作情况是完全一样的,故只要在接线时注意转动方向,如图 4.15 所示。

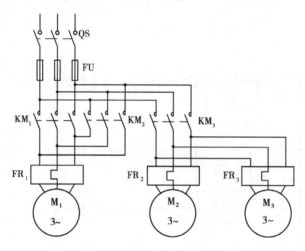

图 4.15　主回路

2）控制回路基本设计

滑台电动机应能正反转,分别由按钮控制起动和停止。滑台电动机起动正转后,动力头电动机即可起动;而滑台电动机正转停车后,动力头电动机也应停止。因此,选择两个启停环节线路组合成滑台电动机的正反转线路。由正转线路控制左右动力头的启停线路,见图 4.16（a）所示。

滑台起动时应当快速,即当 KM_1 有电时,电磁铁 YA 应吸合。滑台由快速变为慢速可用行程开关 S_2 发信号,使电磁铁释放。滑台返回时应快速移动,即当 KM_2 有电时,电磁铁又应吸合。由于电磁铁电流冲击大,因此选择以中间继电器 K_4 组成电磁铁的控制回路。上述条件构成的设计草图如图 4.16（b）所示。

3）联锁及保护环节

滑台慢速进给到达终点应自动停车,滑台快速返回到原位也应自动停车,则设置原位和终点的行程开关 S_1 和 S_3 进行行程控制。

接触器 KM_1 和 KM_2 之间应能互锁,三台电动机均采用热继电器作过载保护,熔断器作短路保护。完整的控制线路如图 4.17 所示。

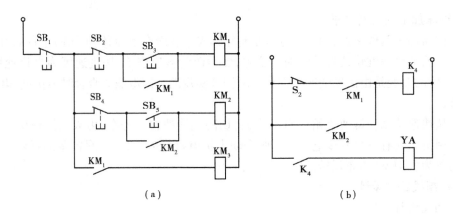

图 4.16　控制回路草图

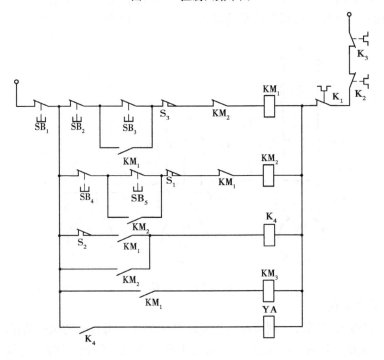

图 4.17　完整的控制线路

4)线路完善

控制线路初步设计完毕后,可能还有不合理的地方,应当仔细校核。例如,在图 4.17 中的接触器 KM_1,使用了三对常开辅助触点,但普通常用的 CJ10 系列接触器只有两对常开辅助触点,因此,必须对此线路进行修改。从线路工作条件可以看到,接触器 KM_1 和 KM_3 是同时工作和释放的,这两个接触器可采用同一型号的交流接触器,它们的电磁线圈可以并联。修改后的线路如图 4.18 所示。

掌握较多的典型环节和具有较丰富的实践经验对设计工作大有益处,通过不断设计实践是能够较快掌握经验设计法的。

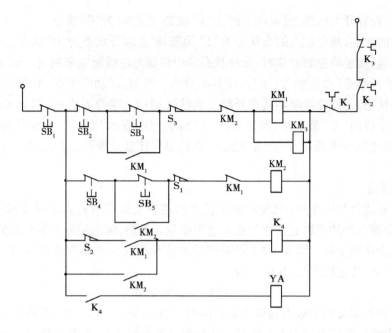

图 4.18　修改后的控制线路

4.4　电气控制线路的逻辑设计法

采用上节的经验设计法来设计继电接触式控制线路,对于同一个工艺要求往往会设计出各种不同结构的控制线路,并且较难获得最简单的线路结构。本节将介绍用逻辑设计法来设计控制线路。此法是从工艺资料(工作循环图、液压系统图等)出发,将控制线路中的接触器、继电器线圈的通电与断电,触头的闭合与断开,以及主令元件的接通与断开等看成逻辑变量,并将这些逻辑变量关系表示为逻辑函数关系式,再运用逻辑函数基本公式和运算规律对逻辑函数式进行化简,然后按化简后的逻辑函数式画出相应的电路结构图,最后再作进一步检查、化简和完善工作,以期获得最佳设计方案,使设计出的控制线路既符合工艺要求,又使线路简单、工作可靠、经济合理。

4.4.1　逻辑变量、逻辑函数及运算法则

(1)逻辑变量

一般控制线路中,电器的线圈或触头的工作存在着两个物理状态。例如,接触器、继电器线圈的通电与断电;触头的闭合与断开,这两个物理状态是相互对立的。在逻辑代数中,把这种具有两个对立物理状态的量称为"逻辑变量"。在继电接触式控制线路中,每一个接触器或继电器的线圈、触头以及控制按钮的触头都相当于一个逻辑变量,它们都具有两个对立的物理状态,故可采用"逻辑 0"和"逻辑 1"来表示。任何一个逻辑问题中,"0"状态和"1"状态所代表的意义必须做出明确的规定,在继电接触式控制线路逻辑设计中规定如下:

对于继电器、接触器、电磁铁、电磁阀、电磁离合器等元件的线圈,通常规定通电为"1"状态,失电则规定为"0"状态。

对于按钮、行程开关元件,规定压下时为"1"状态,复位时为"0"状态。

对于元件的触点,规定触点闭合状态为"1"状态,触点断开状态为"0"状态。

分析继电器、接触器控制电路时,元件状态常以线圈通电或断电来判定。该元件线圈通电时,其本身的常开触点(动合触点)闭合,而其本身的常闭触点(动断触点)断开。因此,为了清楚地反映元件状态,元件的线圈和其常开触点的状态用同一字符来表示,例如 $\overline{K}$;而其常闭触点的状态用该字符的"非"来表示,例如 K(K 上面的一杠,表示"非")。若元件为"1"状态,则表示其线圈"通电",继电器吸合,其常开触点闭合,其常闭触点断开。若元件为"0"状态,则与上述相反。

(2)逻辑函数

在继电接触式控制线路中,把表示触头状态的逻辑变量称为输入逻辑变量;把表示继电器、接触器等受控元件的逻辑变量称为输出逻辑变量。显然,输出逻辑变量的取值是随各输入逻辑变量取值变化而变化。输入、输出逻辑变量的这种相互关系称为逻辑函数关系。图4.19 中 KM 是 SB_1、SB_2 的逻辑函数,并可记为

$$KM = (SB_1 + KM_1)SB_2 \tag{4.1}$$

我们还可将控制线路中输入和输出关系用列表方式表示出来,这种表称为真值表。对于图4.19 控制线路的真值表如表4.1 所示。这个表反映出图4.19 控制线路输入逻辑变量 SB_1,SB_2 所有可能状态的组合与其对应的输出逻辑变量 KM 状态的关系。真值表有如下特点:

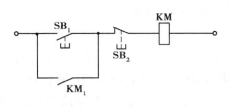

图4.19 控制线路

表4.1 真值表

SB_1	SB_2	KM
0	0	0
1	0	0
0	1	0
1	1	1

1)若逻辑函数有 n 个变量,则它对应的真值表有 2^n 行。

2)真值表每一行前 n 列给出了 n 个输入逻辑变量"0"或"1"取值的一种组合,这 2^n 行就完全给出了 n 个输入逻辑变量"0"或"1"取值组合的全部可能情况。或者说,完全给出了 n 个触头闭合或断开的组合情况的各种可能性。

3)真值表中最后一列为该逻辑函数随其输入变量"0"、"1"取值组合而变化的情况。在继电接触式控制线路中为继电器、接触器等受控元件线圈通电、断电状态随各触头闭合、断开状态而变化的情况。所以,真值表全面展示了逻辑函数与其输入逻辑变量取值的对应情况。因此,真值表是一种分析逻辑函数的基本方法。

(3)3 种基本逻辑运算(与、或、非)

1)逻辑"与"

逻辑"与"也称逻辑"乘"、逻辑"积"。逻辑"与"其基本定义是:决定事物结果的全部条件同时都具备时,结果才会发生。这种因果关系叫做逻辑"与",其运算符号为"·"表示,也可省略。

如图 4.20 所示,用逻辑"与"定义来解释,只有 K_1 和 K_2 两个触点全部闭合为"1"时,接触

器线圈 KM 才能通电为"1"。如果 K_1、K_2 触点中,只有其中之一断开,则线圈 KM 就断电。所以电路中触点串联形式是逻辑"与"的关系。逻辑"与"的逻辑函数式为:

$$KM = K_1 \cdot K_2$$

式中 K_1、K_2 均称为逻辑输入变量(自变量),而 KM 称为逻辑输出变量(因变量)。

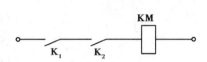

图 4.20 逻辑"与"电路

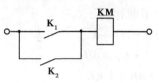

图 4.21 逻辑"或"电路

2)逻辑"或"

逻辑"或"也称逻辑"加"、逻辑"和"。逻辑"或"其基本定义是指:在决定事物结果的各种条件中只要有任何一个满足,结果就会发生。这种因果关系叫做逻辑"或",其运算符号用"+"表示。

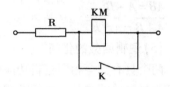

图 4.22 逻辑"非"电路

图 4.21 为逻辑"或"的电路,图中触点 K_1、K_2 任意一个闭合时,则线圈 KM 就通电为"1";只有 K_1、K_2 都断开时,线圈 KM 就断电为"0"。根据定义,电路中触点并联形式是逻辑"或"的关系。逻辑"或"的逻辑函数式为:$KM = K_1 + K_2$。

3)逻辑"非"

逻辑"非"也称逻辑"求反",其基本定义是指:事物某一条件具备了,结果不会发生;而此条件不具备时,结果反而会发生。这种因果关系叫做逻辑"非"。

图 4.22 为逻辑"非"电路,图中触点 K 闭合为"1"时,线圈 KM 被旁路,断电为"0";而触点 K 断开时,则线圈 KM 通电为"1"。根据定义,常闭触点为逻辑"非"的控制,其逻辑函数式为:$KM = \overline{K}$,K 为原变量,$\overline{K}$ 为 K 的反变量。

实际的逻辑问题往往比简单的"与"、"或"、"非"要复杂得多,但可以以它们为基础,用它们组合成复杂的问题,即复杂问题用组合后的逻辑式表示。

(4) 逻辑代数的基本运算规则和定律

这里只列出了逻辑代数的基本运算规则和定律。

1)基本运算规则

逻辑乘(与运算) $\qquad F = A \cdot B$ (4.2)

$A \cdot 0 = 0; A \cdot 1 = A; A \cdot A = A; A \cdot \overline{A} = 0$

逻辑加(或运算) $\quad F = A + B$ (4.3)

$0 + A = A; 1 + A = 1; A + A = A; A + \overline{A} = 1$

逻辑非(非运算) $\quad F = \overline{A}$ (4.4)

$\overline{0} = 1; \overline{1} = 0; \overline{\overline{A}} = A($又称还原律$)$

2)交换律

$A \cdot B = B \cdot A$ (4.5)

$A + B = B + A$ (4.6)

3)结合律

$ABC = (AB)C = A(BC)$ (4.7)

$$A + B + C = A + (B + C) = (A + B) + C \tag{4.8}$$

4）分配律

$$A(B + C) = AB + AC \tag{4.9}$$

$$A + BC = (A + B)(A + C) \tag{4.10}$$

5）吸收律

$$A(A + B) = A \tag{4.11}$$

$$A(\bar{A} + B) = AB \tag{4.12}$$

$$A + \bar{A}B = A + B \tag{4.13}$$

6）反演律（摩根定律）

$$\overline{AB} = \bar{A} + \bar{B} \tag{4.14}$$

$$\overline{A + B} = \bar{A} \cdot \bar{B} \tag{4.15}$$

（5）逻辑函数的化简

两个具有完全相同逻辑功能的控制线路,其结构简繁程度差异很大,如何将一个控制线路化简为最简单的或较简单的控制线路,同时仍保持其逻辑功能不变,这就要通过逻辑运算进行化简。

对于较简单的逻辑函数可采用逻辑代数的基本公式来进行化简,而对于较复杂的逻辑函数则运用卡诺图法进行化简。

4.4.2 继电接触器控制线路的逻辑函数

继电接触器控制属于开关量控制,符合逻辑规律,所以其控制线路中的关系可用逻辑函数来表示。在其逻辑函数中,它的执行元件作为输出变量,而以检测信号、中间单元触点及输出变量的反馈触点等作为逻辑输入变量,再按各触点之间连接关系和状态就可列出逻辑函数式。一条控制线路中,各触点的控制作用,无非是担负开启、关闭或保持的作用。因此,下面以起、停、保电路环节来说明列逻辑函数式的规律。

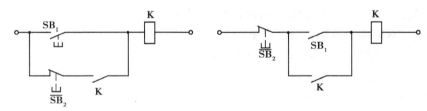

图 4.23 简单起、停、保电路

（1）两个简单的起、停、保电路

图 4.23 为简单起、停、保电路的两种结构。按规定,常开触点以正逻辑表示,而常闭触点以反逻辑（逻辑"非"）表示。图中,SB_1 为起动信号（开启）,SB_2 为停止信号（关断）,继电器的反馈常开触点 K 为保持信号。按图 4.23（a）可列出逻辑函数式为

$$f_{K(a)} = SB_1 + \overline{SB_2} \cdot K$$

其一般形式 $\quad f_{K(a)} = X_开 + X_关 \cdot K \tag{4.16}$

式中 $X_开$:开启信号;$X_关$:关断信号;K:自报信号。按图 4.24（b）可列出逻辑函数为:

$$f_{K(b)} = \overline{SB_2}(SB_1 + K)$$

其一般式 $$f_{K(b)} = X_关(X_开 + K) \tag{4.17}$$

式(4.16)中,$X_开 = 1$,则 $f_K = 1$。$X_关$ 在这种状态下不起控制作用,因此该电路称为开启从优形式。而式(4.17)中,$X_关 = 0$,则 $f_k = 0$,$X_开$ 在这种状态下不起控制作用,因此这电路称为关断从优形式。

以上两式中,选用 $X_开$、$X_关$ 的触点状态为:

$X_开$:应选取在输出变量开启边界线上发生状态转变的输入变量。若这个输入变量的元件状态是由"0"转换到"1",则选原变量(常开触点)形式;若是由"1"转换到"0",则取反变量(常闭触点)形式。

$X_关$:应选取在输出变量关闭边界线上发生状态转变的输入变量。若这个输入变量的元件状态是由"1"转换到"0",则选原变量(常开触点)形式;若是由"0"转换到"1",则取反变量(常闭触点)形式。

(2)具有联锁条件的起、停、保电路

在实际的起、停、保电路中,往往有许多联锁约束条件。例如,立车返回行程必须到达原位才停车,即使油压不足也不能中途停车。这时,开启信号和关断信号都增加了约束条件。把约束条件都考虑进去的电路控制线路的逻辑函数,就能全面的表示其相互关系。

现在,要把式(4.16)和式(4.17)扩展一下。对于开启信号来说,当开启的条件不只有一个主令信号 $X_{开主}$ 时,而且还需具备其他条件 $X_{开约}$ 时,才能开启。由于当全部条件同时都具备"1"时才会开启,可见 $X_{开主}$ 与 $X_{开约}$ 的逻辑关系是"与"的关系。对于断信号来说,当关断的条件不只有一个关断主令信号 $X_{关主}$ 时,而且还需具备其他条件 $X_{关约}$ 时,才会关断。$X_{关主}$ 和 $X_{关约}$ 全为"0"时,则关断信号为"0";$X_{关主}$ 为"0",而 $X_{关约}$ 为"1"时,则不具备关断条件,所以 $X_{关主}$ 与 $X_{关约}$ 的逻辑关系是"或"的关系。考虑了约束条件后,把 $X_开 = X_{开主} \cdot X_{开约}$,$X_关 = X_{关主} + X_{关约}$ 代入原式(4.16)和(4.17)中,可得一般形式。

$$f_{K(a)} = X_{开主} \cdot X_{开约} + (X_{关主} + X_{关约})K \tag{4.18}$$
$$f_{K(b)} = (X_{关主} + X_{关约}) + (X_{开主} \cdot X_{开约} + K) \tag{4.19}$$

继电接触器控制线路采用逻辑设计法,可以使线路简单,充分运用电器元件得到较合理的线路。对复杂线路的设计,特别是生产自动线、组合机床等的控制线路的设计,采用逻辑设计法比经验设计法更为合理。

4.4.3 逻辑设计方法的一般步骤

步骤一:充分研究加工工艺过程,做出工作循环图或工作示意图。

步骤二:按工作循环图做执行元件节拍表及检测元件状态表。

步骤三:根据状态表,确定中间记忆元件的开关边界线,设计中间记忆元件。

步骤四:列写中间记忆元件逻辑函数式及执行元件逻辑函数式。

步骤五:根据逻辑函数式建立电路结构图。

步骤六:进一步完善电路,增加必要的连锁,保护等辅助环节,检查电路是否符合原控制要求,有无寄生回路,是否存在竞争现象等。

完成以上六步,则一张完整的继电器控制原理图设计完毕。若实际制作还需要对原理图上所有元件选择具体型号。

逻辑设计法一般仅完成前面六步骤内容,以下举出具体例子说明如何进行逻辑设计。

4.4.4 逻辑设计法的设计举例

这里,以龙门刨床横梁升降自动控制线路设计(不考虑回升)为例。龙门刨床横梁移动是操作工人根据需要按上升或下降按钮 SBH 或 SBL,首先横梁夹紧电机 M 向放松方向运行,完全放松后碰 SA 开关,横梁转入上升或下降,即控制升降电机的接触器 KM-U 或 KM-D 工作。到达需要位置时,松开 SBH 或 SBL,横梁停止移动,自动夹紧(即夹紧电机 M 向夹紧方向运行),SA 复位。当夹紧力达到一定程度时,过电流继电器动作,夹紧电机停止工作。

按上述工艺过程可列出工艺循环图,再按步骤设计。

(1) 工作循环如图 4.24 所示

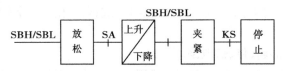

图 4.24 工作循环图

(2) 根据工作循环图列出状态表

状态表是按顺序把各程序输入信号(检测元件)的状态,中间元件状态和输出的执行元件状态用"0"、"1"表示出来,列成表格形式。它实际是由输入元件状态表、中间元件状态表、执行元件状态表综合在一起组成的。元件于原始状态为"0"状态。受激状态(开关受压动作,电器吸合)为"1"状态。将各程序元件一一填入表中,若一个程序之内状态有一到二次变化,则用 1/0、0/1 或 0/1/0、1/0/1 表示。为了清楚起见,将使程序转换的那些转换主令信号单列一行,同时也在转换主令信号转换的程序分界线上以黑线表示。

表 4.2 龙门刨床横梁升降状态

程序	名称	执行元件状态				检测元件状态				转换主令信号
	KM-U/KM-D	KM-A		KM-B		SA		KS		SBH/SBL
0	原位	0 / 0		0	0	0	0	0 / 0		
1	放松	0 / 0		1	0	0	0	1 / 1		SBH/SBL
2	上升/下降	1 / 1		0	0	1	0	1 / 1		SA
3	夹紧	0 / 0		0	1	1/0	1/0	0 / 0		SBH/SBL
4	停止	0 / 0		0	0	0	0	1/0 / 0		KS

根据上面规定列表 4.2。表中原位的所有元件都不受激,当按 SBH/SBL("/"表示"或")后直到横梁升降停止前都保持其受激状态(受压)。进入第一程序,KM-A 吸合,夹紧电机向放松方向运行。SA 受激,转入第二程序,视 SBH 还是 SBL 受激,以决定横梁是上升还是下降。松开 SBH/SBL,升降停止,转入第三程序,KM-B 吸合,夹紧电机 M 向夹紧方向运动。此程序内,启动开始,启动电流使 KS 动作。完成启动后,KS 又释放,所以 KS 状态为 1/0,SA 状态也因电机向夹紧方向运行而由受激转为常态,也为 1/0。当横梁夹紧后,KS 动作,状态为"1",转入第四程序,使全部元件处于常态,恢复初始状态。

（3）决定特相区分组

在各个程序由检测元件构成的二进制数称该程序的特征数。第一程序为 001；第二程序为 101；第三程序为 1/0、1/0、0，实际上是三个特征数 110、100 和 000。这是在启动时间很短，当状态 KS 由 1→0 时，SA 仍保持"1"的实际情况。相反，若状态 SA 由 1→0 时 KS 保持为 1，则特征数将为 110、010 和 000，实际这是不存在的，这两种情况实际上就是 KS 与 SA 的竞争。第四程序为 0、1/0、0（实际是 010 和 000 两个特征数）。特相区分组为第三程序的 000 与第四程序的 000。

（4）设置中间记忆元件

中间继电器，使特相区分组增加特征数，成为相区分组，状态表中第三程序中有特征数 000，第四程序中也有 000，所以要增加中间元件 K，若第三程序 K = 1，第四程序 K = 0，则可区分。其实 KM-B 自锁触点本身就具有记忆功能，可以用 KM-B 反馈触点代替需要增加的中间单元 K，省去另设一中间单元。也就是采用自锁功能，将第三程序由（1、1/0、1/0、0）特征数决定，则第三、四程序就属于可区分组了，因而第三程序本身需要自锁。

（5）列中间单元及输出元件的一般逻辑函数表达式

上一节已经得出两种输出元件的一般逻辑函数表达式

$$f_K = X_{开主} \cdot X_{开约} + (X_{关主} + X_{关约})K$$
$$f_K = (X_{关主} + X_{关约})(X_{开主} \cdot X_{开约} + K)$$

由状态表直接看出，输出元件在某种程序开启通电，开启对应的上横线称开启边界线；输出元件在某程序关断，关断对应的下横线称关断线。开关边界线以内是该元件受激状态，状态表中填入"1"，开关边界线以外都是"0"状态。

由逻辑变量的"与"、"或"关系组成的逻辑输出函数，就是要保证在开关边界线内取"1"，边界线外取"0"，这是选择逻辑变量组成逻辑函数的依据。

开启边界线转换主令信号是 $X_{开主}$：若转换主令信号元件由常态变为受激，则 $X_{开主}$ 取其动合（常开）触点；若转换主令信号元件由受激变为常态，$X_{开主}$ 取其动断（常闭）触点。

关闭边界线转换主令信号 $X_{关主}$：若转换主令信号元件由常态变为受激，则 $X_{关主}$ 取其动断触点；若转换主令信号元件由受激变为常态，则 $X_{关主}$ 取其动合触点。

$X_{开约}$、$X_{关约}$ 反映了线路的连锁以及可能产生的误动作的防止。$X_{开约}$ 原则上是应取开启线近旁的"1"状态，开关边界线外尽量为"0"状态的输入逻辑变量。$X_{关约}$ 应取在关断边界线近旁为"0"状态，在开关边界线外为"1"状态的输入逻辑变量。

是否要加自锁环节应视 $X_{开主} \cdot X_{开约}$ 为"1"状态的范围而定，若在开关边界线内 $X_{开主} \cdot X_{开约}$ 不能保持"1"状态，则需要加自锁环节。若在开关边界线内始终为"1"，则不需要自锁环节。

根据以上原则，可以对 4 个输出元件（KM-U、KM-D、KM-B、KM-A）列出逻辑函数式。

[**程序 1**]　放松程序

$$KM\text{-}A = (SBH + SBL)\overline{SA}$$

若 SBH 或 SBL 作为 $X_{开主}$，其状态由常态到受激，所以取其动合触点。其关断边界上为 SA 受激，所以取其动断触点的状态作为 $X_{关主}$。

[**程序 2**]　升降程序

$$KM\text{-}U = SA \cdot \overline{SBL \cdot SBH}$$

$$KM\text{-}D = SA \cdot \overline{\overline{SBH}} \cdot SBL$$

横梁上升其转换主令信号 SA，处于受激状态，所以 $X_{开主}$ 取 SA 动合触点的状态，为了防止升、降按钮同时按压的误操作，将 SBL 的动断触点的状态 $\overline{SBL}$ 作为 $X_{开约}$。在开关边界线内 $X_{开主} \cdot X_{开约} = SA \cdot \overline{SBL} = 1$，所以不需要自锁环节。KM-D 的逻辑函数式原理上与此相同，只是选择 SBL 为下降按钮。

[程序3] 夹紧程序

$$KM\text{-}B = \overline{SBH} \cdot \overline{SBL} \cdot SA + \overline{KS} \cdot KM\text{-}B$$

若横梁上升时转换主令信号 SBH，它由受激转为常态；若横梁下降时，转换主令信号是 SBL，也是由受激转为常态。前者 $X_{开主} = \overline{SBH}$（SBH 的动断触点），$X_{开约} = SA \cdot \overline{SBL}$；后者 $X_{开主} = \overline{SBL}$（SBL 的动断触点），$X_{开约} = SA \cdot \overline{SBH}$。由于 SA 在开关边界线以内由 1→0，所以需要自锁。KS 为关断主令信号，有常态到受激，所以取 KS 的动断触点的状态。由于第三程序内 $\overline{SBH} \cdot \overline{SBL}$ 始终为"1"，所以，将上式演变为

$$KM\text{-}B = SA \cdot \overline{SBH} \cdot \overline{SBL} + \overline{KS} \cdot KM\text{-}B \cdot \overline{SBH} \cdot \overline{SBL} =$$
$$(SA + \overline{KS} \cdot KM\text{-}B) \cdot \overline{SBH} \cdot \overline{SBL}$$

(6)画电路图

按上面求出的逻辑函数式画电路图，这时应注意元件的触点数，例如以上四式中有三式都有 SA，一个行程开关可能没有这么多触点，这时可利用中间继电器增加等效触点，或者分析可否找到等位点，对于上面的式子只要将 SA 置于最前面位置，成为 KM-U、KM-D、KM-B 公共通道，SA 将包含在这三个逻辑函数式内。因为将 SA 合并，也就是将 KM-B 的关断信号 $\overline{KS} \cdot KM\text{-}B$ 与 SA 并联，因而要分析其影响。由于 KM-U、KM-D 不工作时 SBH，SBL = 0，所以，这样并联对 KM-U、KM-D 无影响，但可节省 SA 的一副动合触点，其电路如图 4.25 所示。

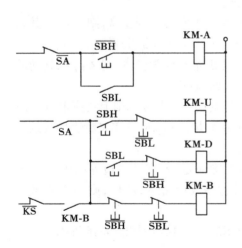

图 4.25　横梁升降电路之一

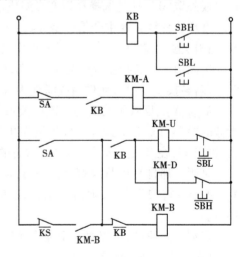

图 4.26　横梁升降电路之二

线路中 SBH、SBL 的触点是两动断，两动合，数量太多，元件难以满足要求。同时控制按钮到开关柜的距离也很远，穿线太多，应于简化。

设

$$KB = SBH + SBL$$

则

$$\overline{KB} = \overline{SBH + SBL} = \overline{SBH} \cdot \overline{SBL}$$

所以
$$KM\text{-}A = \overline{SA} \cdot KB$$
$$KM\text{-}B = (SA + KM\text{-}B \cdot \overline{KS})\overline{KB}$$
$$KM\text{-}U = SA \cdot \left[SBH + (SBL \cdot \overline{SBL}) \right] \cdot \overline{SBL} =$$
$$SA \cdot (SBH + SBL) \cdot \overline{SBL} = SA \cdot KB \cdot \overline{SBL}$$

所以
$$KM\text{-}U = SA \cdot KB \cdot \overline{SBL}$$

同理
$$KM\text{-}D = SA \cdot KB \cdot \overline{SBH}$$

根据以上关系作电路图如图4.26所示。

(7)进一步完善电路

加上必要的连锁保护等辅助措施,校验电路在各种状态下是否满足工艺要求。最后得到完整电路如图4.27所示。

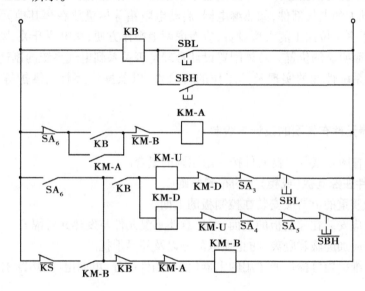

图4.27 横梁升降电路之三

必须说明,要考虑到短时间压SBH或SBL,则SA尚未触动,没有转入程序2,也不能进入程序3。但此时横梁已有松动,加工时易造成废品。产生这种现象的原因是列状态表时认为SBH/SBL在第一、第二程序内均为"1",但这种误操作使按钮SBH/SBL在第一程序内就由"1"→"0",使横梁不能紧锁。为克服此缺点,横梁放松应加自锁环节,以保证放松后一定夹紧。至于其他保护、连锁、互锁等在经验设计法中已叙述,此处从略。

4.5 电气控制线路工艺设计基础

电气控制线路工艺设计的目的是为了满足电气控制设备的制造和使用要求。工艺设计必须在电气原理图设计完成之后进行。在完成电气原理图设计及电器元件选择之后,就可以进行电气控制设备的结构设计,总装配图,总接线图设计,各部分的电气装配图与接线图,并列出各部分的元件目录、进出线号以及主要材料清单等技术资料,最后编写设计说明书。

4.5.1　电气设备总体配置设计

电气设备总体配置设计任务是根据电气原理图的工作原理与控制要求,将控制系统划分为几个组成部分称为部件,根据电气设备的复杂程度,每一部件又可划成若干组件,如开关电器安装板组件、控制电器组件、控制面板组件、印制电路板组件、电源组件等,根据电气原理图的接线关系整理出各部分的进出线号,并调整它们之间的连接方式。总体配置设计是以电气系统的总装配图与总接线图形式来表示的,图中应以示意形式反映出各部分主要组件的位置及各部分的接线关系,走线方式及使用行线槽、管线要求等。

总装配图、接线图(根据需要可以分开,也可以并在一起)是进行分部分设计和协调各部分组成一个完整系统的依据总体设计要使整个系统集中、紧凑、同时在空间允许条件下,对发热元件,噪声振动大的电气部件,如热继电器、启动电阻箱等尽量放在离其他元件较远的地方或隔离起来,对于多工位加工的大型设备,应考虑两地操作方便,总电源开关、紧急停止控制开关应安放在方便而明显的位置。总体配置设计合理与否关系到电气系统的制造、装配质量,将影响到电气控制系统性能的实现及其工作的可靠性,以及操作、调试、维护等工作的方便及质量。

4.5.2　电器元件布置图的设计与绘制

电器元件布置图是某些电器元件按一定原则的组合。

(1)电器元件在控制板(或柜)上的布置原则

1)体积大和较重的电器应安装在控制板的上面。

2)发热元件应安装在控制板的上面,要注意使感温元件与发热元件隔开。

3)弱电部分应加屏蔽和隔离,防止强电部分以及外界干扰。

4)需要经常维护检修操作调整用的电器(例如插件部分、可调电阻、熔断器等),安装位置不宜过高或过低。

5)应尽量把外形及结构尺寸相同的电器元件安装在一排,以利于安装和补充加工,而且宜于布置,整齐美观。

6)考虑电器维修,电器元件的布置和安装不宜过密,应留一定的空间位置,以利于操作。

7)电器布置应适当考虑对称,可从整个控制板考虑对称,也可从某一部分布置考虑对称,具体应根据机床结构特点而定。

(2)电器元件的相互位置

各电器元件在控制板上的大体安装位置确定以后,就可着手具体确定各电器之间的距离,它们之间的距离应从如下几方面去考虑。

1)电器之间的距离应便于操作和检修。

2)应保证各电器的电气距离,包括漏电距离和电气间隙。

3)应考虑有些电器的飞弧距离,例如自动开关、接触器等在断开负载时形成电弧将使空气电离。所以在这些地方其电气距离应增加。具体的电器飞弧距离由制造厂家来提供,若由于结构限制不能满足时,则相应的接地或导电部分要用耐弧绝缘材料加以保护。

机床电气控制柜、操作台、悬挂操纵箱有标准的结构设计,可根据要求进行选择,但要进行补充加工。如果标准设计不能满足要求,可另行设计。这时可将所有电器元件按上述原则排在一块板上,移动各个电器元件求出一个最佳排列方案,然后确定控制柜的尺寸。这种实物排列比用电器元件外形尺寸来考虑排列图更为方便、快捷。

4.5.3　电器部件接线图的绘制

根据电气原理图和各电气控制装置的电器布置图,绘制电气控制装置的接线图。接线图应按以下原则绘制。

1)接线图和接线表的绘制应符合 GB6988—86 中《电器制图、接线图和接线表》的规定。

2)所有电器元件及其引线应标注与电气原理图中相一致的文字符号及接线号。原理图中的项目代号、端子号及导线号的编制分别应符合 GB9504—85《电气技术中的项目代号》、GB4026—83《电器接线端子的识别和用字母数字符号标志接线端子的通则》及 GB4884—85《绝缘导线标记》等规定。

3)与电气原理图不同,在接线图中同一电器元件的各个部分(触头、线圈等)必须画在一起。

4)电气接线图一律采用细线条。

5)要清楚地表示出接线关系和接线去向。目前接线图接线关系的画法有两种:

第 1 种,直接接线法:直接画出两个元件之间的连线。对简单的电气系统,电器元件少,接线关系不复的情况下采用。

第 2 种,间接标注接线法:对复杂的电气系统,电器元件多,接线关系比较复杂的情况下采用较多。接线关系采用符号标注,不直接画出两元件之间的联线。

6)按规定清楚的标注出配线用的不同导线的型号、规格、截面积和颜色。对于同一张图中数量较多而导线的型号、规格、截面积和颜色相同的标注符号可以省略,待数量较少的其他导线标注清楚以后,用"其余用 XX 线"字样注明即可。

7)电气接线图上各电气元件的位置,应按装配图上绘制,偏差不要太大。

8)对于板后配线的接线图,应按装配图翻转后的方位绘制,电器元件图形符号应随之翻转,但触头方向不能倒置,以便于施工配线。

9)控制板、控制柜的进线和出线,除大线外,必须经过接线板。接线图中各元件的出线应用箭头注明。

10)接线板的排列要清楚,便于查找。可按线号数字大小顺序排列,或按动力线、交流控制线、直流控制线分类后,再按线号顺序排列。

4.5.4　电气柜、箱及非标准零件图的设计

电气控制装置通常都需要制作单独的电气控制柜、箱,其设计需要考虑以下几个方面。

1)根据操作需要及控制面板、箱、柜内各电器部件的尺寸确定电气箱,柜的总体尺寸及结构型式,非特殊情况下,应使总体尺寸符合结构基本尺寸与系列。

2)根据总体尺寸及结构型式、安装尺寸,设计箱内安装支架,并标出安装孔、安装螺栓及接地螺栓尺寸,注明配作方式,一般应选用柜、箱用专用型材。

3)根据现场安装位置、操作、维修方便等要求,设计开门方式及型式。

4)为利于箱内电器的通风散热,在箱体适当部位设置通风孔或通风槽,必要时应在柜体上部设计强迫通风装置与通风孔。

5）为便于电气箱、柜的运输，应设计合适的起吊钩或在箱体底部设计活动轮。

根据以上要求，先勾画出箱体的外形草图，估算各部分尺寸，然后按比例画出外形图，再从对称、美观、使用方便等方面考虑进一步调整各尺寸比例。外形确定后，在按上述要求进行各部分的结构设计，绘制箱体总装图及各面门、控制面板、底版、安装支架、装饰条等零件图，并注明加工要求。总之电器箱、柜的造型结构各异，在箱体设计中应注意吸取各种型式的优点。

非标准的电器安装零件，如开关电器支架、电器安装底板、控制箱面板、把手、装饰零件等，应根据机械零件设计要求，绘制其零件图，凡配合尺寸应注明公差要求并说明加工要求，如镀锌、喷塑、漆及颜色等要求。

4.5.5 各类元器件及材料清单的汇总

在电气控制原理系统设计及工艺设计结束后，应根据各种图纸，对本设备需要的各种零件及材料进行综合统计，按类别列出外购成品件汇总清单表、标准件清单表、主要材料消耗定额表及辅助材料消耗定额表等，以便采购人员、生产管理部门按设备制造需要备料，作好生产准备工作。这些资料也是成本核算的依据。特别是对于批量生产的产品，此项工作更为重要。

4.5.6 编写设计说明书

设计说明书的编写是设计工作中的主要组成部分之一，也是通过设计审查、施工、使用、维护等必不可少的技术资料。设计说明书一般应包括以下几部分内容：

1）所设计的方案选择依据及本设计的主要技术要点。

2）主要参数的计算过程。

3）设计任务书中要求各项技术指标的核算与评价。

4）主要设备及元器件安装的技术要求。

5）设备调试要点、调试方法及注意事项。

4.6 电气控制线路 CAD 辅助设计

随着计算机技术的发展，在工程设计领域应用计算机软件进行设计越来越广泛，尤其在机械、电子、建筑等行业，应用计算机软件进行产品设计的 CAD 软件也非常丰富，使产品设计人员能够高效率地进行各自领域的产品分析、设计等工作，这些应用于工程设计领域的 CAD 软件有多种，具有代表性的有 AutoCAD,Protel,MATLAB 等。这些软件极大地提高了产品设计质量与效率，是目前 CAD 领域应用最为广泛的软件，也是工业设计领域最常用的辅助设计软件。AutoCAD 主要应用于机械产品设计和开发，Protel 主要应用于电子原理图、印制板的设计和绘制，以及电子逻辑分析和仿真等，MATLAB 主要应用于工程方面的数学计算、自动控制系统的分析以及图形与图像处理等。而在电气控制领域，尤其是继电逻辑控制电路图的绘制，尚没有得心应手的专用软件可以应用。随着计算机的普及与发展，手工设计越来越难适应形势发展的需要，为了帮助工程设计人员学习利用商品化 CAD 辅助设计软件，快速掌握这些软件进行辅助设计，本书以 Protel 99 为例，介绍其在电气控制线路中的应用，期望读者能从中得到启发，进一步开发其功能，并推广应用。

4.6.1　Protel 99 简介

Protel 99 是基于 WIN95/WINNT/WIN2000 的纯 32 位电路设计制版系统。Protel 99 提供了一个集成的设计环境,包括了原理图设计和 PCB 布线工具,集成的设计文档管理,支持通过网络进行工作组协同设计功能。

Protel 99 不仅仅是若干设计工具的集成,更是一个面向电子产品开发的完整设计系统。Protel 99 核心是设计管理器集成环境和三大软件技术(SmartDoc、SmartTeam 和 SmartTool),这些技术可以轻松控制设计过程的每个环节。无论是不同设计阶段之间衔接,还是工程项目的日后维护,或设计组成员的合作,Protel 99 的 Smart 技术都是我们尽快取得成功的保证。

(1) Protel 99 的主要特性

1)可选择的数据存储系统

Protel 99 提供对设计文档存储方式的控制,可以选择将设计存储为 Windows 文件系统或 MS ACCESS 数据库格式。前者在硬盘或网络驱动器上建立独立的文件和文件夹;后者在一个设计数据库中管理设计,并且可以使用高级文档管理和团队设计特性。

无论选择何种数据存储系统,我们都可以享受到 Protel 99 的高集成和同步设计优势,可以使用 Protel 99 强大的设计管理环境管理整个设计项目。

2)最具灵活的设计系统

Protel 99 是一个完备的集成的板级设计系统,所以在这个环境中能很自然的按流程设计,以最小的代价和最短的时间完成整个设计过程。

Protel 99 的自然语言帮助顾问,只需输入问题,顾问就会在帮助系统中找到你所需的答案。

Protel 99 完全可以由用户定制。根据需要可以定制所有界面资源,如菜单、工具条、快捷键等,还可以很轻松地新建资源或定制工作区内已有资源,甚至可以为不同的设计建立不同的菜单、工具条和快捷键。由于采用了"CLIENT-SERVER"结构,用户对整个 Protel 99 系统中的任意过程都可以指定菜单、工具条和快捷键等。

Protel 99 提供了对 API 的全面开放,允许另外的应用程序无缝集成到 Protel 99 设计环境。许多第三开发商也提供了为 Protel 产品准备的 API 应用,详细内容请访问 Protel 网站:www.Protel. com。

①Protel 99 系统针对 Windows NT4/9X 作了纯 32 位代码优化,使得 Protel 99 设计系统运行稳定而且高效。

②SmartTool(智能工具)各种工具集成在同一环境下工作。

Protel 99 将设计工具完全集成在 EDA/Client 框架中。SmartTool 技术使所有的设计工具可以在广泛的系统基础上共享资源和服务。工具集成为设计工具之间提供了良好的协同性,缩短设计时间。如原理图与 PCB 之间的同步设计只要一按键即可完成。在 PCB 编辑器中直接自动步线,免除人工导入网络表,无需生成网络表,即可由原理图产生 PCB 图。由于所有设计工具资源共享,就可以在一个界面完成不同的设计阶段。

Protel 99 也可以根据需要定制设计环境。重新定义菜单、添加所需的功能以及设计快捷键和工具条。整个设计环境可以根据设计者需要立即轻松定制。

③RtDoc(智能文档)全新的设计文档管理

Protel 99 是惟一能提供完整设计文档集成的桌面 EDA 系统。以往整理整个设计需要搜索各类文件：如原理图、PCB、Gerber、Drill、BOM、DRC 等。使用 SmartDoc 技术，Protel 99 集成了整个设计文档，存储格式采用 Windows 文件系统或 ACCESS 数据库。

Protel 99 直观的设计管理器界面，与 MS Windows 资源管理器极为相似，可以建立导航和组织文档到任意层次目录，所有设计文档都随手可得。Protel 99 的 SmartDoc 技术在设计数据库中可以存储任何类型的文件，甚至是别的应用程序建立的文件，如费用分析表、机械图纸、设计报告等，设计需要的任何文档都可以在 Protel 99 中同意存储和管理。

使用 Protel 99 管理电子产品设计的全部文档既安全可靠又方便。

④SmartTeam（智能工作组）协同设计管理

Protel 99 提供安全可靠的文档共享。使用 SmartTeam 技术，使你在网上与其他工程师协同设计而不需网络管理员来设置复杂的协议。设计组所需的工具包括网格工具都已集成到 Protel 99 设计环境中。

SmartTeam 技术自动识别和监控网上所有正在使用 Protel 99 的用户。当打开设计数据库时，可以看到这些文件及其设计者。多个设计者可同时工作在一个设计数据库的不同文档，可以锁定指定文档以防意外覆盖。

可以为设计员指定授权，控制允许访问的文件夹和文档。Protel 99 包括完整的口令登录特性，这样很容易加强和管理设计组的合作。

⑤PCB 自动布线规则条件的复合选项极大的方便了布线规则的设计。

⑥用在线规则检查功能支持集成的规则驱动 PCB 布线。

⑦继承的 PCB 自动布线系统最新的使用了人工智能技术，如人工神经网络、模糊专家系统、模糊理论和模糊神经网络等技术，即使对于很复杂的电路板及其布线结果也能达到专家级的水平。

⑧对印刷电路板设计时的自动布局采用两种不同的布局方式，即 Cluster Placer（组群式）和基于统计方式（Statistical Placer）。再以前版本中只提供了基于统计方式的布局。

⑨Protel 99 新增加了自动布局规则设计功能，Placement 标签页是在 Protel 99 中新增加的，用来设置自动布局规划。

⑩增强的交互式布局和布线模式，包括"Push-and-shove"（推挤）。

⑪电路板信号完整性规则设计和检查功能可以检测出潜在的阻抗匹配、信号传播延时和信号过载等问题。Signal Integrity 标签页也是在 Protel 99 中新增加的，用来进行信号完整性的有关规则设计。

⑫零件封装类生成器的引入改进了零件封装的管理功能。

⑬广泛的集成向导功能引导设计人员完成复杂的工作。

⑭原理图到印刷电路板的更新功能加强了 Sch 和 PCB 之间的联系。

⑮完全支持制版输出和电路板数控加工代码文件生成。

⑯可以通过 Protel Library Development Center 升级广泛的器件库。

⑰可以用标准或者用户自定义模板来生成新的原理图文件。

⑱集成的原理图设计系统收集了超过 60 000 器件。

⑲通过完整的 SPICE3F5 仿真系统可以在原理图中直接进行信号仿真。

⑳可以选择超过 60 种工业标准计算机电路板布线模板或者用户可以自己生成一个电路

模板。

㉑Protel 99 开放的文档功能使得用户通过 API 调用方式进行 3 次开发。

㉒集成的(Macro)宏编程功能支持使用 Client Basic 编程语言。

㉓Protel 99 的综合会议信息、修改通告、文档锁定特性,进一步为电子产品设计提供了快捷方便、安全可靠的桌面 EDA 工作环境。

(2) Protel 99 的主要组成系统

1)原理图设计系统

原理图设计系统是用于原理图设计的 Advanced Schematic 系统。这部分包括用于设计原理图的原理图编辑器 Sch 以及用于修改,生成零件的零件库编辑器 SchLib。

2)印刷电路板设计系统

印刷电路板设计系统是用于电路板设计的 Advanced PCB。这部分包括用于设计电路板的电路板编辑器 PCB 以及用于修改、生成零件封装的零件封装编辑器 PCBLib。

3)信号模拟仿真系统

信号模拟仿真系统是用于原理图上进行信号模拟仿真的 SPICE 3F5 系统。

4)可编程逻辑设计系统

可编程逻辑设计系统是基于 CUPL 的集成于原理图设计系统的 PLD 设计系统。

5)Protel 99 内置编辑器

这部分包括用于显示、编辑文本的文本编辑器 Text 和用于显示、编辑电子表格的电子表格编辑器 Spread。

(3) Sch 概述

Sch 是 Schematic 的简称,它是 Protel 99 中的一个组件,用来进行电路原理图设计。在 Protel 99 中是 Sch5.0 版本。

Protel 99 中的原理图设计组件 Sch 和以前版本的 Sch 没有太大的区别,尤其是和 Protel 98 中的 Sch 几乎完全一样,包括菜单、各种操作方法都完全一样。

由于 Protel 99 引入了文件管理机制和联网设计模式,使得层次化设计方法方便实用。

对于一个非常庞大的电路图,我们可以称它为项目,项目不可能将它一次完成,也不可能将这个电路图画在一张图纸上,更不可能由一个人单独来完成。通常将这种很庞大的电路图划分为很多的功能模块,由不同的人员分别来完成。通过利用层次电路图可以大大的提高设计速度,特别是当代计算机技术的突飞猛进,局域网在企业中的应用,使得信息交流日益密切而迅速,再庞大的项目也可以从几个层次上细分开来,可以做到多层次并行设计。

Protel 99 提供 SmartTeam 技术,可以通过局域网很方便的对异常复杂的电路图进行层次化设计。

Protel 99 改进了电路仿真功能,使得 Sch 与电路仿真模拟块间的切换更加方便灵活。

Sch5.0 增加了 Update PCB 功能,使得原理图切换到 PCB 设计变得更加方便。

Sch99 的特点:

1)灵活、方便的编辑功能

电气节点的自动捕捉功能,使得连接线路变得异常容易。对象属性特征,使得修改、编辑对象的操作变得特别方便。要修改对象属性时,只需要在对象上双击鼠标系统会自动弹出属性对话框供设计者修改。强大的交互式整体修改功能,使得用户大规模修改电路变得易如反掌,快捷的选取功能可以很容易选取所需的对象。快速的排列、对齐工具使图面更加整齐美观,布图、整图效率大大提高。Sch5.0 提供的阵列式粘贴使得放置零件更加迅速,精确。灵活方便的常用工具栏,使得常用的设计操作变得信手拈来。提供了右键菜单功能,可以让设计者随时激活最常用的命令。Sch5.0 提供了零件管理栏,可以让用户很方便的管理、查询工作画面上的零件、原理图布线结果、错误信息等。多次"撤消/重做"功能允许设计者恢复到以前的任意状态。

2)功能强大的自动化设计

Protel 99 改进了电路仿真功能,使得 Sch 与电路仿真模块间的切换更加方便灵活。Sch5.0增加了 Update PCB 功能,使得由原理图切换到 PCB 设计变得方便。图纸模块的管理功能大大方便了用户,不必再重复题写内容相同的标题栏。

3)完善的库管理功能

Sch 提供的跨零件搜索零件功能,可以很方便地搜索到零件所在零件库。零件库编辑器(Schlib)可以让用户很方便地生成新元件,并且可以很方便的添加到库中。通过国际互联网,随时可以更新各种零件库。

4)良好的兼容性

Sch 可以识别多种原理图格式,如 TANGO、其他版本的 Protel.、OrCAD 设计的原理图格式。Sch 可以输出多达 38 种格式的网络表,如 Protel1、Protel2.、TANGO、PCAD、Case、Edif2.0、XILinx XNF5.0 等。

4.6.2　Protel 99 在电气控制线路绘制与设计中的应用

(1)进入 Protel 99

点击 Protel 99 的快捷键,接着进入 Protel 99 的主窗口,如图 4.28 所示。

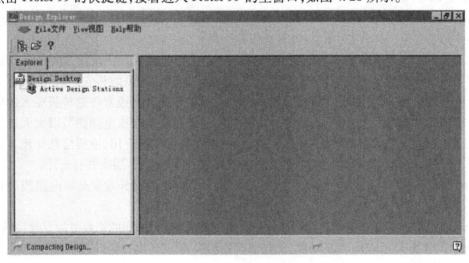

图 4.28　Protel 99 主窗口

在 File 菜单中点击 New Design 命令就会弹出"建立新设计库"对话框,只要输入文件名,如"电器图形库","电器线路图库"等,并选择该文件所存储的位置即可。

假设用户创建 MyDesignl.ddb 完毕后,在设计管理器的导航树中会出现 MyDesignl.ddb 的分枝,并在面板中出现一个设计窗口。创建完后,导航树中出现 3 个分枝,同样在主设计窗口中出现 3 个图标,设计工作组、垃圾桶、文件夹。

　　导航树与 Windows 的资源管理器的使用方法是一致的。主窗口是一个标准的 Windows 窗口。在导航树中点击分枝,就会在主窗口标签栏里显示出该图标,并在窗口里显示该项所包括的内容。若选中导航树中的 MyDesignl. ddb 则在主窗口中显示出其本身自带的 3 项内容:设计工作组管理器、垃圾桶、文件夹。

　　在主窗口里切换已打开的文档,只需在标签档里用鼠标点击想要的文档标签即可。而且同时打开的多个文档在主窗口里有多种显示方式,只需在标签栏点击鼠标右键,就会弹出菜单,然后选择需要的显示方式。

　　要打开项目数据库,只要在 File 菜单里选取 File/Open 命令,要关闭项目数据库只要在 File 菜单选取"File/Close Design"命令,将关闭所有已打开的设计数据库。需要新建一个文件夹,在 File/New 命令下会弹出选择设计服务器对话框。

　　文件的类型可以是电路原理图生成文件(Schematic Document)、元件库编辑文件(Schematic Liberary)等,这样我们可以在前者中绘制"电器控制线路图库",而在后者中创建和调用"电器元件符号库",当选取了所需建立的文件类型后,如选择 Schematic Document,然后点击 OK 按钮即可。

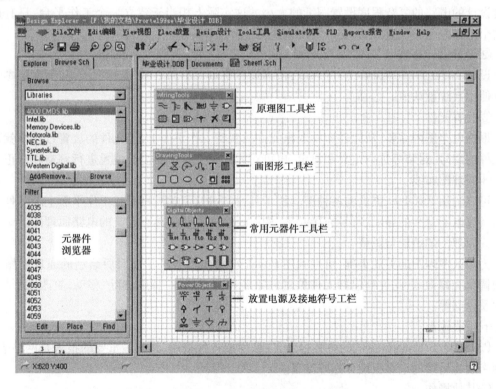

图 4.29　各种管理器及工具栏都处于打开状态

　　新建的文件将包含在当前的设计库中,可以在设计管理器中更改文件名,系统将进入定义的"电器控制线路图库"编辑器界面。在原理图设计过程中,Protel 99 所提供的各种工具和管理器如图 4.29 所示,由图可见,左边一栏内就是创建的元件符号库,可以随时调用,图纸区的画图形工具就是我们经常需要使用的基本工具。

Protel 99 不是一套分开软件应用,它是一个集成的应用。在 Protel 99 的每个工具都插入设计管理器。第一次启动 Protel 99 时我们最好打开一个设计例子。

做法如下:

从 Windows 任务栏上选择[开始][程序][Protel 99][Examples][4Port Serial Inteface]

设计管理器打开后,出现4Port 设计。如果注意左边面板,就会看到4Port 设计图标,在单击小"＋"号可展开树,看到设计中的内容。

双击 4 Ports Serial Interface 文件夹。树上的文件夹打开,文件夹内容显示在设计窗口右边。试试打开一张原理图,只要在树上的名字上双击一下,图纸在右边打开了。

当设计文件已经打开,面板就会变成相应的编辑面板,在任何时候只要单击面板顶部的管理器按钮都能切换回导航树。

(2)用 Protel 99 绘制电器控制线路图

1)用 Protel 99 绘制电器控制线路图流程

①设置图纸大小

Protel 99/Schematic 设计,首先要构思好零件图,设计好图纸大小。图纸大小是根据电路图的规模和复杂程度而定的,设置合适的图纸大小是设计好电路原理图的第一步。根据我们所要设计的电路的复杂程度设置图纸的大小。这实际上相当于建立一个工作平台,只有建好了这个工作平台,才能在上面充分发挥创造力。

②设置设计环境

设置 Protel 99/Schematic 设计环境,包括设置格点大小和类型,光标类型等,大多数参数也可以使用系统默认值。

③放置元件

根据电路图的需要,从元件库中取出元件放置到工作平面上,在元件的放置过程中就可以对元件的编号、封装等进行定义和设定,也可对元件在工作平面上的位置进行调整和修正。

④原理图布线

可以利用 Protel 99 提供的各种工具栏工具,指令进行布线,将摆在工作平面上的各种元器件用具有电器意义的导线、符号连接起来,构成一个所需要的具有意义的电路原理图。

⑤原理图的编辑与调整

为保证原理图的美观正确,可以利用 Protel 99 提供的各种功能对所绘制的原理图做进一步的调整和修改 。此过程包括元件位置的重新调整,导线位置的删除、移动,更改图形尺寸、属性及排列等。

⑥报表输出

Protel 99/Schematic 提供的各种报表工具,生成各种报表,其中最重要的报表是网络表,通过网络表为后续的电路板设计做好准备。

⑦其他操作

利用 Protel 99 所提供的强大功能,还可以对原理图进行进一步的补充完善,比如:Protel 99 的工具箱绘制一些不具有电气意义的图形或者加入一些文字说明等。

2)用 Protel 99 绘制电器控制线路图的常用操作

①加载所需元件库

加载所需要的元件库:GB4728.ddb、Misceuaneous Device.ddb、Motorala.ddbd.、P Protel Dos Schematic Libraries 等。

加载元件库菜单命令[Design][Add/Remove Library...],双击文件 Library,再双击文件 Sch,然后双击所需要的库即可将其加入。后一步亦可单击所需要的库,然后再单击按钮,加入 ▁▁OK▁▁,最后,单击按钮 ▁▁Add▁▁ 完成添加库的工作。

②放置元件

执行下述命令后,输入元件名称及其符号,如图4.30所示。其中,元件名称是所选中的库中所具有的,而元器件标号则是自己所编的,但一般要求与元件名称一致。

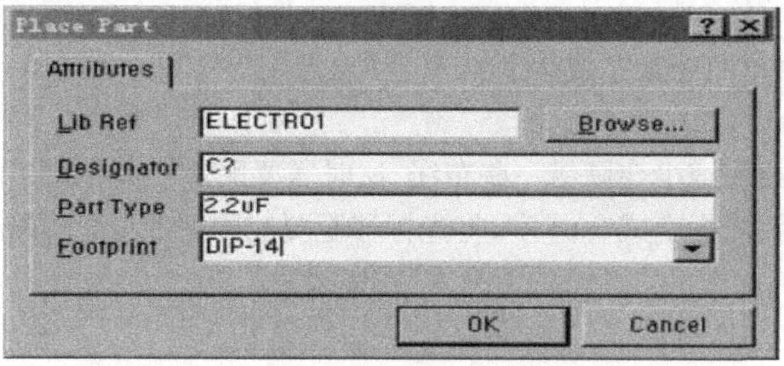

图 4.30　输入元器件名称、标号

③调整元器件位置

移动某个元器件,只需要下鼠标左键并拖动粘贴有该元件的光标到需要的位置,然后松开鼠标左键即可。

同时也可以用移动元件菜单命令[Edit][Move][Move]

执行该菜单命令后,系统弹出"+"字光标,直接用该光标单击想移动的元器件,然后拖动光标到所需要放置该元件的地方,在单击鼠标左键,该元件即可放置到设定位置。

④元器件属性编辑

当要编辑某个元件的属性时,只需要双击该元件即可。双击该元件后将出现属性编辑框,只需要在该框内输入相应的元件属性,然后鼠标左键单击按钮[OK]即可。

也可以用菜单命令来完成该项操作,如下:

元件编辑菜单命令:[Edit][Change]

⑤布线

菜单命令[Place][Wire]

执行上述菜单命令后,系统弹出"+"光标,鼠标左键单击确定起点,然后移动光标,拖出一条线,再用鼠标左键单击确定该线。重复此操作,即可完成布线。

使用工具栏也可以完成布线操作,鼠标左键点击 Wiring Tools 中的图标进制 ≈ ,然后布线。

还可以随时用鼠标右键单击布线区空白区,在弹出浮动菜单后,选择 Place Wiring,然后进行布线。

⑥放置电源

菜单命令:[Place][Power Point]

执行上述菜单命令后,出现"+"光标,移动光标到预定位置,单击鼠标左键即可放置电源。

也可以用鼠标左键单击 Power Objects 工具栏中的图标 ,然后移动光标,放置到所需的地方即可。

⑦放置 I/O 单口

菜单命令:[Place][Port]

执行上述菜单命令后,移动"+"光标到预定位置,单击鼠标左键即可。

当然也可以用鼠标左键点击 Wiring Tools 中的图标 后,拖动鼠标放置到所需的位置来完成。

⑧删除布线

一般可以使用菜单命令来完成。

菜单命令:[Edit][Delete]

在设计过程中,或多或少会画错一些布线,这时需要删除一些布错了的线,然后重新布线。该项命令执行后,光标变成"+"字,将光标移至要删除的线段上,单击鼠标左键即可。

⑨删除元件

菜单命令:[Edit][Delete]

该项命令执行后,光标变成"+"字,将光标移至要删除元件上,单击鼠标左键即可。

⑩放置文本框

菜单命令:[Place][Text Frame]

执行菜单命令后,工作区显示平面出现"+"字光标,并带有一个小虚框,移动该"+"字光标到需要放置文本的地方,单击鼠标左键,然后根据需要的文本大小拖动光标,并单击鼠标左键即可。

此时,该框内将显示"Text"字样。双击该虚框,可以修改该文本框的属性:文本、文本内容、显示字体、显示位置和显示颜色等属性。

其中,Text 所对应的按钮 为修改文本内容所用,鼠标单击它会得到文本内容修改界面。Font 所对应的按钮为 修改显示文本大小等用。

在完成上述工作后,需要调整文本框的大小,使文字内容符合显示要求,只需要鼠标左键单击文本框使其变成虚框,再用鼠标左键将虚框的"方点"按住再拖动到适当的位置即可。

⑪放置注释

菜单命令:[Place][Annotation]

执行菜单命令后,工作区显示平面出现"+"字光标,并带有一个小虚框,移动该十字光标到我们需要放置的地方,单击鼠标左键即可。

此时,将显示"Text"字样,双击该文字,即可出现一个注释属性编辑框,编辑该属性框,即可得到需要的注释。

以上所述仅是应用 Protel 99 绘制电器控制图的最基本操作,更详细的内容参考 Protel 99 使用说明。

小　结

本章较全面和系统地介绍了电气设计的一般内容、技术条件、电气传动形式的选择、电气控制方案的确定，以及电气设计的一般原则。

电气控制线路的设计常用的有经验设计法与逻辑设计法。首先应明确设计要求、工艺过程，在工艺要求简单的场合往往采用经验设计法，应用若干典型环节组合而成。在工艺复杂的情况多采用逻辑设计法。这些通过生产实际逐渐掌握，加深理解，以设计出技术和经济指标均合理的电气控制线路来。最后，对 Protel 99 的功能特点，以及它在电气控制线路绘制与设计中的应用作了介绍。

习　题

4.1　某机床主轴由一台笼型电动机拖动。润滑油泵由另一台笼型电动机拖动，均采用直接起动。工艺要求：

①主轴必须在油泵开动后，才能起动；

②主轴正常为正向运转，但为了调试方便，要求能正反向点动；

③主轴停止后，才允许油泵停止；

④有短路，过载及失压保护。

试设计主电路及控制电路。

4.2　某水泵由笼型电动机拖动，采用降压起动，要求在 3 处都能控制起、停，试设计主电路与控制电路。

4.3　某升降台由一台笼型电动机拖动，直接起动，制动有电磁抱闸，要求：按下起动按钮后先松闸，经 3s 后电机正向起动，工作台升起，再经 5s 后，电机自动反转，工作台下降，经 5s 后，电机停止，电磁闸抱紧，试设计主电路与控制电路。

4.4　M_1、M_2 笼型电动机，可直接起动，按下列要求设计主电路及控制电路。

①M_1 先起动，经一定时间后 M_2 起动；

②M_2 起动后，M_1 立即停车；

③M_2 能单独停车；

④M_1、M_2 均能点动。

4.5　如图 4.31 所示，A、B 两个移行机构，分别由笼型电机 M_1 和 M_2 拖动，均采用直接起动，要求按顺序完成下列动作：

①按下起动按钮后，A 部件从位置 1 移动到位置 2 停止；

②B 部件从位置 4 移动到位置 3 停止；

③A 部件从位置 2 回到位置 1 停止；

④B 部件从位置 3 回到位置 4 停止；

⑤上述动作往复进行，要停止时，按下总停按钮。试设计主电路与控制电路。

图 4.31

4.6 某直流并励电动机单向运转,起动时以时间为变化参量控制二级起动,制动时以电势为变化参量控制一级能耗制动,试设计主电路与控制电路。

4.7 有三台电动机 M_1、M_2、M_3 要求 M_1 起动后经一段时间,M_1 和 M_2 同时起动,当 M_2 或(或和)M_3 停止后,经一段时间 M_1 停止,试设计主电路与控制电路。

4.8 试拟制一控制电路,按下起动按钮后 KM_1 线圈吸引,经 10s 后 KM_2 线圈吸引,再经 5s 后 KM_2 线圈释放,同时 KM_3 吸引,再经 15s 后,KM_1、KM_2、KM_3 线圈均释放。

4.9 现有 3 台电动机 M_1、M_2、M_3 要求起动顺序为:先起动 M_3,经 10s 后起动 M_2,再经 20s 后起动 M_1。而停车时要求:首先停 M_1,经 20s 后停 M_2,再经 10s 后停 M_3。试设计该 3 台电动机的起、停控制线路。

4.10 试设计一用钻孔-倒角组合刀具加工零件的孔和倒角机订的电气自动控制线路,其程序如下:快进—工进—停留光刀(秒钟)—快退—停。

该机床共有 3 台电动机:

M_1:主电机 4kW;M_2:工进电机 1.5kW;M_3:快速电机 0.8kW。

要求:

①工作台工进至终点或返回到原位后,均由行程开头使其自行停止,设限位保护。为保证工进准确定位,需采取制动措施;

②快速电动机可进行点动调整,但在工作进给时无效;

③设紧急停止按钮;

④应有短路和过载保护;

⑤应附有行程开关位置简图。

其他要求可根据加工工艺由读者自己考虑。

第 5 章

继电器控制与可编程序
控制器、微机等的区别与联系

5.1 可编程序控制器的发展及特点

5.1.1 可编程序控制器的由来及发展

前几章介绍了继电-接触器构成的自动控制系统,该系统能完成各种逻辑运算,计时、计数控制,实现弱电对强电的控制,并且由于结构简单,价格便宜,容易掌握等优点,多年来已得到广泛应用,在工业控制等领域中曾经占主导地位。

由于继电-接触器控制系统是硬接线方式构成的,系统的构成往往是针对具体的被控对象设计出专用的电器控制线路,不适宜经常变化生产工艺流程的控制。随着半导体技术,微电子技术,计算机技术等的发展,控制对象对控制要求不断提高,继电-接触器组成的控制系统的不足显得更为明显,如:设备体积庞大,功能较少,开关动作慢,触点容易损坏,接线复杂,更改控制程序困难,通用性,灵活性较差等。继电-接触器控制系统已不能适应生产工艺不断更新的需要。1969 年美国数字设备公司研制出了第一台可编程序控制器。该控制器能代替继电-接触控制系统完成各种逻辑运算,计时、计数等控制功能,用编写程序(软件)的方式,实现继电-接触控制系统硬接线的连接。该控制器组成的控制系统能实现更复杂的控制,完成更多功能,可靠性更强,各方面都更先进。

可编程序控制器是一种综合了计算机技术、微电子技术和自动控制技术,适用于工业环境下应用的新一代工业控制装置。它采用面向控制过程的程序语言,把可以执行逻辑运算、顺序控制、计时、计数和算术运算等操作指令,存放在存储器中,以类似继电器控制线路图的梯形图进行程序设计,以满足不同设备、多变生产工艺的控制要求,因而可编程序控制器组成的控制系统具有较大的灵活性和通用性。

早期的可编程序控制器主要由分离元件和中小规模集成电路组成,指令系统简单,只能完成逻辑运算,主要用于顺序控制。随着微电子技术和集成电路的发展,特别是微处理器和微计算机的迅速发展,微机技术被引入可编程序控制器中,微处理器和大规模集成电路芯片成为其核心部件。可编程序控制器具有了更多的计算机功能。至今可编程序控制器的功能日益完善,不仅具有传统的继电器功能定时,计数、算术、逻辑运算和数值比较等数据处理功能,还具有高速计数功能、模拟量控制功能、位置控制功能、硬件中断控制处理功能、网络通信功能等。

使用可编程序控制器构成控制系统有利于控制系统的标准化、通用化、柔性化,缩短控制系统的工程周期。

近几年来,可编程序控制器发展迅速,体现在其结构不断改进,功能日益增强,性能价格比越来越高。未来的发展将会是:一方面发展高速、大容量和高功能的大型可编程序控制器。另一方面加强发展小型自动化要求的简单、经济实用的微型和小型机,以适应单机控制。

5.1.2 可编程序控制器的特点

可编程序控制器是以继电-接触器控制为基础,融入了计算机技术,以适应工业环境下使用为背景研制开发的新一代工业控制器,因而它具有如下的特点:

(1)编程方便、接线简单,容易实现被控对象的控制要求

PLC 用与继电器控制线路相似的梯形图语言表达控制过程,程序表达简单、直观,通过编程器把程序写入存储器中,方便用户修改程序;PLC 为用户提供了丰富的指令,容易实现被控对象的控制要求。由于有相应的 I/O 接口,只需要进行输入/输出信号线的连接,不需考虑控制过程,因而接线简单。

(2)可靠性高、抗干扰能力强

工业控制可靠性最为重要,PLC 专为工业环境使用而设计,在硬件上,采用了电磁屏蔽、滤波、光电隔离等一系列抗干扰措施;在软件上,采取了故障检测、信息保护和恢复、设置警戒时钟、加强对程序的检查和校验、对程序和动态数据进行电池后备等措施,进一步提高其可靠性和抗干扰能力。使其可以直接安装于工业现场稳定可靠地运行。

(3)通用性好、应用灵活

PLC 产品均已系列化,型号多,品种齐全,还有各种功能模块,用户可根据控制要求方便地选用适合的模块,做硬件结构上的组合和扩展,以满足各种控制系统的要求。

(4)功能强

PLC 除了能完成逻辑控制,计时、计数、算术运算等功能外,还可以实现模拟量控制、顺序控制、位置控制、高速计数和网络通信等功能,合理配置 PLC,还可实现多机"群控"系统和一台计算机对多台 PLC 进行集中管理分散控制的"分布式控制"系统。

(5)控制系统工程周期短

PLC 控制系统设计、安装、调试方便。PLC 采用软件编程序方式实现控制功能的表达,即使是非常复杂的控制,也可用方便的指令实现。编写的程序可以初步模拟调试好后,才用于现场。制作工程的过程中,编程序和现场设备安装可同时进行,大大缩短了工程周期,提高了工作效率。

(6)维护、维修方便

PLC 有完善的自诊断功能,能检测出自身的故障,能对其内部工作状态、通信状态、异常状态和 I/O 状态进行显示,工作人员可通过这些显示查出故障,迅速处理。PLC 接线少,更换元件方便。

由于 PLC 具有以上特点,PLC 在国内外已广泛应用于钢铁、石油、化工、机械、交通、电力、纺织、环保等各行各业。

5.2　可编程序控制器的组成、基本原理及语言简介

5.2.1　PLC 的组成

PLC 控制系统是从继电-接触器系统和计算机控制系统发展起来的,它与这两种控制系统有着许多相同和相似之处。PLC 实现的基本功能也是继电-接触器控制系统能完成的功能,不过 PLC 融入了计算机技术,因而 PLC 实质上是一种工业控制计算机,只是它比一般的计算机具有更强的 I/O 接口和更直接的适应控制要求的编程语言,从硬件结构看与计算机的组成相似。PLC 硬件结构框图如图 5.1 所示。其中,CPU 中央处理器是 PLC 的核心部件,是 PLC 的运算和控制中心。它按系统程序赋予的功能,完成对现场输入设备的状态和数据的采集,按用户程序指令完成各种运算,并把运算结果送出 PLC 去控制外部负载或电路。此外,CPU 还要完成系统的自诊断、电源检测、PLC 工作状态显示等功能。

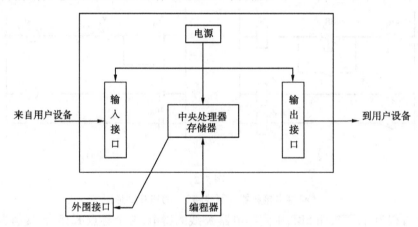

图 5.1　PLC 硬件结构框图

PLC 常用的 CPU 主要有:通用微处理器,如 Intel8080、Mtotoroal6800 等;单片机,如 Intel 公司 MCS-48 系列的 8039、8049 等;双极型位片式微处理器,如 AMD-2900 等,不同厂家,不同系列的 PLC 使用的 CPU 不同,CPU 芯片性能越好, PLC 处理控制信号的能力越强,运行速度越高;CPU 位数越高,系统处理的信息量越大,运算速度也快。

PLC 的存储器是用来存放 PLC 的系统程序和用户程序以及其他数据的器件。PLC 的存储器有系统程序存储器和用户程序存储器之分,系统程序存储器用于存放不需要用户干预的系统程序,如:管理、监控,指令解释程序。用户程序存储器用于存放用户按控制要求所编写的程序,其程序可通过编程器进行修改和监视运行状态。PLC 常用的存储器有随机存取存储器 RAM、可擦除可编程只读存储器 EPROM、电可擦除可编程只读存储器 EEPROM。

I/O 接口是 PLC 的另一主要组成部分,它是 PLC 与外界进行信息交换的窗口。输入接口用于接收和采集来自 PLC 外部输入设备提供的输入信号,如:按钮,行程开关等提供的开关量信号和电位器,测速发电机以及各种变送器等提供的模拟量信号。并将这些信号转换为 CPU能处理的数字信号。输出接口则是用来连接(驱动)PLC 外部被控设备。如:接触器的线圈、

指示灯、电磁阀等。它把 CPU 处理后的结果(要输出的数字信号)转换成被控设备能接收的电信号,以控制外部设备。

    PLC 的 I/O 接口可根据控制对象要求,选用不同 I/O 点数的模块,在基本单元上增加 I/O 扩展单元以扩大 PLC 的控制规模。

    PLC 的编程器用于对 PLC 写入用户程序、修改程序、设置参数、监视 PLC 的运行状态。主要有简易编程器、图形编程器和使用专用软件的计算机编程器。PLC 控制系统投入正常运行时,可脱离编程器。

    PLC 内部有开关稳压电源,可对外提供 5V 或 24V 直流电源,供 I/O 模块(接口)、CPU 器件、扩展单元或其他功能模块工作,或对外部输入设备供电。除以上的 PLC 组成部分外,还有一些外围接口,供 PLC 与 PLC 通信,PLC 与计算机、打印机、显示终端等的通信和连接。

5.2.2　可编程序控制器的工作原理

(1)可编程序控制器的运行方式

先来看一个例子,如图 5.2(a)继电接触器控制线路。

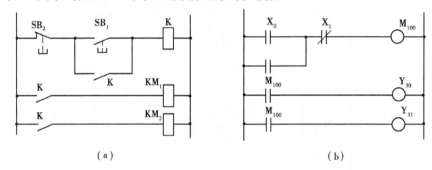

图 5.2
(a)继电接触器控制线路　(b)PLC 梯形图

    其工作过程为:按下按钮 SB_1,中间继电器 K 线圈得电,两个触点 K 闭合,接触器 KM_1、KM_2 线圈同时得电动作。由此看来,以硬接线方式实现程序的继电-接触器控制系统,采用的是并行工作方式。如果用 PLC 来实现上述的控制,程序如图 5.2(b)所示。图中:X...(输入继电器)、M...(中间继电器)、Y...(输出继电器)的功能分别与图 5.2(a)中的 SB...、K、KM... 相同。PLC 通过执行该程序来实现继电控制的"硬接线逻辑"功能,由于 PLC 的 CPU 是按分时操作方式来处理各项任务,即每一时刻只执行一个操作。PLC 执行程序,是按程序的顺序依次完成相应各电器的动作。如图 5.2(b),按顺序执行程序,结果是 M_{100} 线圈得电后,其两个常开接点 M_{100} 的闭合在时间上是串行的,两个输出(Y_{30}、Y_{31})继电器由 OFF 变为 ON 状态,在时间上也是串行的。即 PLC 以串行方式工作。由于运行速度快,各电器的动作似乎是同时完成的,实际是输入与输出响应存在滞后。这是 PLC 与继电-接触器控制运行方式上的不同。

    总之,PLC 是按顺序扫描用户程序的方式工作的。所谓扫描是指:PLC 运行时,CPU 要接受用户程序对它的各种要求,来执行各种操作,而 CPU 不能同时执行多个操作。它只能分时操作,每一个时刻执行一个操作,直到程序结束。这种分时操作的过程称为 CPU 对程序的扫描。PLC 的工作方式就是一个不断循环的顺序扫描工作方式。每一次扫描所用的时间称为一个扫描周期或一个工作周期。CPU 从第一条指令开始,按顺序逐条地执行用户程序直到用户程序结束,再返回第一条指令开始新一轮的扫描。PLC 就这样周而复始地重复上述的扫描周期。

（2）可编程序控制器的运行过程

可编程序控制器整个工作过程实际就是程序的执行过程，是不断循环扫描周期直到 PLC 中止运行。具体说 PLC 在一个工作周期或一个扫描周期主要完成三项任务。即输入采样，程序执行和输出刷新。如图 5.3 所示是完成三项任务的过程。

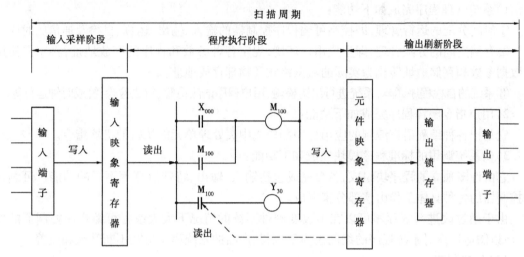

图 5.3　PLC 工作过程

1）输入采样阶段

PLC 以扫描方式按顺序把所有输入端子的输入信号状态（ON/OFF）写入到输入映像寄存器中寄存起来，这是对输入信号的采样。随后 CPU 工作转入执行程序阶段。在程序执行期间，如果输入端子的输入信号状态发生变化，输入映像寄存器中的内容不变，新的输入状态只在下一工作周期的输入采样阶段才被读入，刷新输入映像寄存器中的内容。

2）程序执行阶段

PLC 的 CPU 对用户程序从首至尾顺序扫描，每扫描到一条指令时，按指令要求从输入映像寄存器中和元素映像寄存器中分别读出输入状态和其他元素的状态，做各种运算，并将运算的结果再存到元素映像寄存器中。这样元素映像寄存器的内容将随程序执行进程而发生变化。当程序执行完成后，PLC 要对执行结果进行输出处理，即做输出刷新工作。

3）输出刷新阶段

PLC 把元素映像寄存器中所有输出继电器的状态转存到输出锁存电路中，由输出锁存电路通过输出端子去驱动 PLC 的外部设备。

5.3　PLC 的软件系统和编程语言

5.3.1　PLC 的软件系统

可编程序控制器除了硬件系统外，还需要软件系统的支持，它们相辅相成，缺一不可，构成可编程序控制器系统。可编程序控制器的软件系统由系统程序（又称系统软件）和用户程序

（又称应用软件）两大部分组成。

（1）系统程序

系统程序由可编程序控制器的制造厂商编制,固化在 PROM 或 EPROM 中。安装在可编程序控制器上,随产品提供给用户。系统程序包括系统管理程序、用户指令解释程序和供系统调用的标准程序模块等。

1）系统管理程序完成如下功能:

①时间分配的运行管理,即控制可编程序控制器的输入、输出、运算、自检及通信的时序。

②存储空间的分配管理,即生成用户环境,规定各种参数和程序的存放地址,将用户使用的数据参数和存储地址转化为实际的数据格式及物理存放地址。

③系统的自检程序,即对系统进行出错检验、用户程序语法检验、句法检验、警戒时钟运行等。

2）用户指令解释程序完成如下功能:

它是把各种编程语言编制的应用程序翻译成中央处理单元能执行的机器指令。

3）供系统调用的标准程序模块完成如下功能:

它由许多独立的程序块组成,各自完成包括输入、输出、特殊运算等不同的功能。可编程序控制器的各种具体工作由这部分来完成。

由于通过改进系统程序可以在不改变硬件系统的情况下大大改善可编程序控制器的性能,所以制造厂商对系统程序的编制极为重视,其产品的系统程序也在不断升级和完善。

（2）用户程序

用户程序是根据生产过程控制的要求编制的应用程序。用户程序包括开关量逻辑控制程序、模拟量运算程序、闭环控制程序和操作站系统应用程序等。

1）开关量逻辑控制程序

它是可编程序控制器用户程序中最重要的一部分,一般采用梯形图、助记符或功能表图等编程语言编制,不同 PLC 的制造厂商提供的编程语言有不同形式,至今还没有一种能全部兼容的编程语言。

2）模拟量运算程序及闭环控制程序

它通常是在大中型 PLC 上实施的程序、用户一般采用高级语言或汇编语言以及制造厂商提供的方便指令(如 PID 指令)编程。

3）操作站系统程序

它是大型可编程序控制器系统经过通信联网后,由用户为进行信息交换和管理而编制的程序。它包括各类画面的操作显示程序,一般采用高级语言实现。用户也可以根据制造厂商提供的软件进行操作站的系统画面组态和编制相应的应用程序。

5.3.2　PLC 的编程语言

PLC 与微机一样,是以指令系统程序的形式进行工作的,为用户提供的编程语言主要有:梯形图、指令语句表、控制系统流程图、逻辑功能图等。各种型号的 PLC 一般以梯形图语言为主,其他编程语言为辅。

（1）梯形图

梯形图是一种图形编程语言,是面向控制过程的一种"自然语言",它沿用继电器的触点(触点在梯形图中又常称为接点)、线圈、串并联等术语和图形符号,同时也增加了一些继电器、接触器控制系统中没有的特殊符号。梯形图语言比较形象、直观,对于熟悉继电器控制线路的电气技术人员来说,很容易被接受,因此应用最多。梯形图编程需要在图形编程器或个人计算机上编程。如图5.4(a)所示为梯形图表达方式。

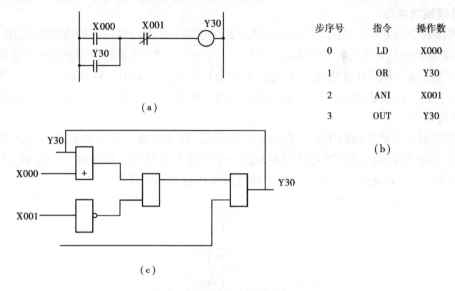

步序号	指令	操作数
0	LD	X000
1	OR	Y30
2	ANI	X001
3	OUT	Y30

(b)

图5.4 三种汇编程序的表达式
(a)梯形图 (b)指令表 (c)逻辑功能图

梯形图的特点如下:

1)梯形图中按自上而下,从左到右的顺序排列,最左边的竖线称起始母线,按控制要求和规则连接各接点,以线圈结束,为一逻辑行。右边一条母线为右母线,有些 PLC 编程不要求一定要有右母线。每一元件有自己的号码标记,以示区别。

2)梯形图中的继电器不是物理继电器,每个继电器的线圈或触点均为存储器中的一位。用"1"(或 ON)和"0"(OFF)表示线圈的通电/断电及触点的闭合/断开状态。

3)梯形图中两母线间流过的电流不是物理电流,而是"概念电流",是用户程序表达方式中满足输出执行条件的形象表达方式,"概念电流"只能从左向右流动。

4)梯形图中的继电器接点在编制程序时无使用次数的限制,根据需要可采用常开(动合)或常闭(动断)接点。

5)输入继电器接点状态表示来自输入设备(按钮、行程开关等)相应输入信号的状态(有或无信号)。

6)输出继电器供 PLC 输出控制用。当梯形图中输出继电器线圈满足接通条件时,就表示在对应的输出点有输出信号。

7)内部继电器、计数器、移位寄存器的其他元件不能直接控制外部负载,只能作中间结果供 PLC 内部使用。

(2)指令语句表

指令语句表是用助记符来表达程序。它类似于计算机的汇编语言,但比汇编语言通俗易懂,因此也是应用很广泛的一种编程语言。尤其是在未能配置图形编程器或个人计算机时,就只能用指令语句表进行编程。每条指令语句由地址、操作码和操作数(器件编号)三部分组成。这种编程语言可使用简易编程器编程,编程设备简单,逻辑紧凑、系统化,连接范围不受限制,但比较抽象,一般与梯形图语言配合使用,互为补充。如图5.4(b)所示为指令语句表表达方式。

(3)逻辑功能图

这种编程语言基本上沿用了半导体逻辑电路的逻辑方块图。对每一种功能都使用一个运算方块,其运算功能由方块内的符号确定。常用"与"、"或"、"非"等逻辑功能表达控制逻辑。和功能方块有关的输入均画在方块的左边,输出画在方块的右边。采用这种编程语言对于熟悉逻辑电路和具有逻辑代数基础的人来说,是非常方便的。如图5.4(c)为逻辑功能图表达方式。

(4)流程图

流程图编程方式采用画工艺流程图的方法编程,只要在每一个工艺方框的输入和输出端标上特定的符号即可。就是用功能图来表达一个顺序控制过程。用这种方法编程,不需要很多的电气知识,非常方便。图5.5是典型的流程图程序的基本结构。

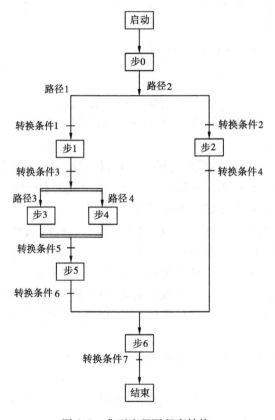

图5.5　典型流程图程序结构

其中:

1)"步"表示:在某种顺序条件下为完成相应的控制功能而设计的独立的控制程序或程序段。

2)"转换"表示:某一步的操作完成后,当转换条件满足时,上一步操作被禁止,并转向下一步,执行新的控制程序(操作);条件不满足时,则继续执行上一步的功能。

3)"路径"表示:各功能步之间的连接顺序关系,包括选择路径和并行路径。选择路径是

154

指各路径之间的关系是逻辑"或"的关系,如路径 1 和路径 2。转换条件先满足的路径先执行。并行路径则是,只要转换条件(如转换 3)得到满足,则其下的所有路径(如路径 3 和路径 4)同时被执行。利用流程图进行程序设计时,首先要根据工艺过程对各步、转换条件及路径进行定义;然后根据要求,运用操作指令对各步和转换进行编程;最后进行总体设计。

(5)高级语言

在一些大型 PLC 中,为了完成较为复杂的控制,采用功能很强的微处理器和大容量存储器,将逻辑控制、模糊控制、数值计算与通讯功能结合在一起,配备 BASIC、PASCAL、C 等计算机语言,使 PLC 具有更强的功能。目前,各种类型的 PLC 基本上都同时具备两种以上的编程语言。其中,以同时使用梯形图和指令语句的占大多数。虽然不同厂家、不同型号的 PLC,其梯形图及指令语句有些差别,使用符号也有出入,但编程的方法和原理是一致的。

5.4　继电器控制与可编程控制器、微机的区别和联系

继电-接触器控制、PLC 控制、微机控制的区别和联系。

PLC 是在继电控制系统基础上发展起来的,两者能实现的基本功能一致,但是 PLC 融入了计算机技术,所以它们又有许多的不同之处。

(1)控制方式上的不同

继电-接触器控制是以硬接线方式控制,即通过将各元件按控制要求接线实现的;元件间的逻辑关系用硬接线连接完成,所构成的系统,接线多且复杂,系统构成后,就被固定,不易改变和增加功能,可扩展性差。

PLC 采用的是存储程序控制方式实现控制。即输入对输出的控制是通过执行存储在存储器中的程序实现的。元件间的逻辑关系以执行程序(软接线)方式完成。所构成的系统接线少、简单、体积小,通过修改程序可灵活改变控制逻辑,增加系统控制功能。

(2)工作方式和控制速度不同

继电器控制以并行方式工作,输出对输入无响应滞后。由于继电器的动作是以机械动作为主,所以工作频率低,控制速度不宜极快。

PLC 是以扫描程序方式工作,即以串行方式工作,输出对输入有响应滞后。PLC 是由程序指令控制半导体电路实现控制,工作效率高,其运行速度快。为满足高速控制要求的控制,厂商开发了用于高速控制的模块,如高速计数模块等。

(3)可靠性和可维护性的不同

继电器控制系统中,使用了大量的机械触点,接线复杂,触点在开闭时易受电弧的损害,继电器控制可靠性和可维护性受触点寿命和接触不良的限制。

PLC 是以面向用户,面向现场的需要而设计的,其大量的开关动作是由无触点的电子电路来完成的,大部分继电器和复杂的连线都被软件所取代,因而可靠性高,寿命长。PLC 配有自检功能,能检测出自身的故障,并即时显示给操作人员,还能动态地监视控制程序的执行情况,为现场调试和维护提供了方便。

(4)控制系统组成上的不同

如下对三相异步电动机的星形-三角形启动控制,分别用继电器接触控制和 PLC 控制实

现。无论哪种方式实现,系统的主电路相同。如图5.6(a)是系统主电路图。

而继电-接触器控制系统和PLC控制系统的组成上有所不同,如图5.6(b)是继电器实现的控制电路图。如图5.6(c)是PLC的外部接线图。就实施一项工程来说,前者的设计、施工、调试需要依次进行,工程周期长,工程越大,这一点越突出。而用PLC完成,在系统设计完成后,现场施工和控制逻辑的设计(程序设计)可以同时进行,工程周期短,调试和修改方便。

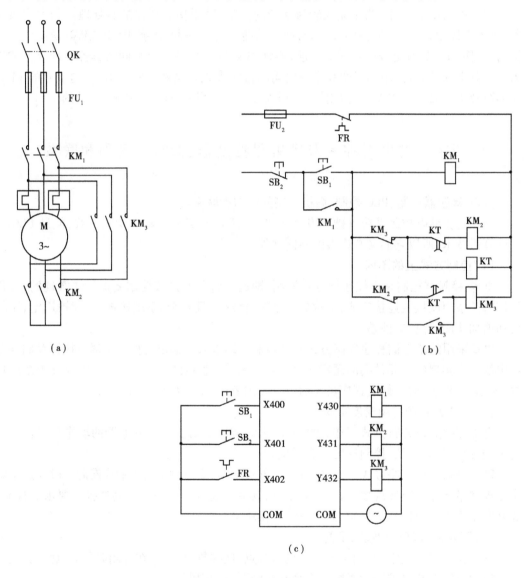

（a）

（b）

（c）

图5.6 三相异步电动机的星形-三角形启动控制

（a）系统主电路图 （b）继电器实现的控制电路 （c）PLC的外部接线图

相比之下,微机具有一定的通用性,它是在以往计算机与大规模集成电路的基础上发展起来的,其运行速度快、功能强,除了用于工业控制领域外,还大量用于科学计算、数据处理、计算机通信等方面。但是,就用于工业控制来说,微机与继电器逻辑控制系统、PLC控制系统相比又有差异和局限,表现于:

1）编程设计

微机使用高级语言、汇编语言或机器语言进行编程,要求使用者必须具有一定水平的计算机硬件和软件知识。用高级语言编程,其执行速度慢;用汇编语言或机器语言编程,其难度大,用户不易掌握;当系统进行扩充或变更时,其软件变更难,需要离线变更。

2）使用环境

微机对环境要求较高,一般要在干扰小,具有一定的温度、湿度要求的机房里使用。而工业现场的电磁干扰、电源波动、机械振动、温度、湿度等的变化,都可能使一般的计算机控制系统工作不正常。

3）输入/输出

微机用于工业控制时,要根据实际需要考虑抗干扰问题和输入/输出硬件接口电路的设计,以适应设备控制的专门需要。

4）系统功能

微机系统配置的系统软件侧重设备管理、文件管理、存储器管理等。从工业控制的角度讲,组态困难,设计人员不但要设计软件,而且还要设计硬件,调试困难,设计开发周期长。

从以上各种控制装置的比较来看,各有其特色。由于继电-接触器控制系统的元器件功能在不断的加强,应用了智能化元器件,综合型元器件,组成的系统更简单,实现功能更方便。继电器逻辑控制系统更适合用来控制动作单一的,小规模的简单系统,这样更能体现其经济性和优越性。PLC 则适用于动作复杂,生产线多,机群控等复杂的有一定规模的控制场合。实现控制功能简单容易。微机是通用型的控制机,用于工业控制的同时更侧重于做大量的科学计算、数据处理、计算机通信等方面的工作。

当前,尽管 PLC 控制系统已广泛应用于工业控制,成为工业自动化的主要手段。但是,在我国继电-接触器控制系统仍然是机械设备最常用的电器控制方式,而且控制系统所用的低压电器正向小型化、长寿命方向发展,出现了多功能多样化的电子式电器,使继电-接触器控制系统性能不断提高,继电-接触器控制系统在今后的电器控制技术中仍然占有相当重要的地位。另一方面,PLC 是计算机技术与继电-接触器控制技术相结合的产物,它的输入、输出与低压电器仍然有着密切联系。

值得一提的是,近几年来,随着科技的发展,PLC 技术也成熟起来,采用了更多的计算机技术,PLC 功能不断增强;同时为了适应用户的需要,计算机朝提高可靠性、耐用性和便于维护等方面发展。特别是 PLC 与微机在技术上的相互渗透使它们间的差异会越来越小,它们之间的界限也越来越模糊。未来的工业控制系统中既有继电-接触器作底层的控制,又有用于完成整个控制系统控制功能的 PLC,还有用于完成整个控制系统信息管理的微机。

小 结

这一章简要介绍了可编程序控制器的特点、组成、基本原理和编程语言,通过学习本章内容,其目的是为了认识继电-接触器控制系统与 PLC 控制系统、微机控制系统的区别与联系,认识各自在系统中所起的作用。本章内容只对 PLC 作了简单介绍,有关 PLC 更多的内容请参看有关技术书籍。

习　题

5.1　PLC 机是什么？

5.2　PLC 机有哪些特点和功能？

5.3　PLC 机由哪几部分组成？简述各部分的主要作用。

5.4　扫描周期指什么？它受什么因素影响？

5.5　PLC 控制系统与继电器控制系统比较组成上，运行方式上有什么不同？

5.6　比较 PLC 机与微机在编程、使用和运行方式上的不同？

5.7　对控制系统来说，为什么继电器控制、PLC 控制、微机控制都是不可少的？

第**6**章
电气控制在生产中的应用

多年来,电气控制一直广泛应用于各行业的生产中,特别是在生产机械的电力拖动控制系统中应用更为普遍。

6.1 普通车床电气控制系统

普通车床是应用极为广泛的金属切削机床,主要用于车削外圆、内圆、端面螺纹和定型表面,也可用钻头、绞刀、镗刀等进行加工。

6.1.1 普通车床工作过程及要求

车床的切削加工包括主运动、进给运动和辅助运动两部分。主运动为工件的旋转运动;由主轴通过卡盘或顶尖带动工件的旋转;进给运动为刀具的直线运动,由进给箱调节加工时的纵向或横向进给量。辅助运动为刀架的快速移动和工件的夹紧和放松等。

进行切削加工时,刀具的温度高,需要冷却液冷却。为此,车床备有一台冷却泵电动机,拖动冷却泵,实现刀具的冷却。

现以 C650 型普通车床的控制为例说明电器控制在其中的应用。如图 6.1 是 C650 型普通车床电气控制图。

1)M_1 为主轴正、反转运动拖动电动机。完成主轴旋转运动。并通过进给机构实现刀具的进给运动;

2)M_2 为提供切削液的冷却电动机;

3)M_3 为拖动刀架快速移动的快速移动电动机,为实现快速停车,一般采用机械制动和电气反接制动;

4)控制电路具有必要的保护环节和照明装置。

6.1.2 M_1 主轴电动机的控制

(1)主轴电动机的点动控制

调整刀架时,要求 M_1 点动控制,可以合上开关 QK→按下按钮 SB_2→接触器 KM_1 线圈得电→M₁ 串接电阻 R 低速转动,实现点动。松开 SB₂→接触器 KM₁ 线圈失电→M₁ 停转。

(2)M₁ 的正转、反转、停车控制

合上刀开关 QK→按下正向启动按钮 SB₃→接触器线圈 KM 得电(同时时间继电器 KT 线圈也得电)→中间继电器 KA 线圈得电(同时 KM 接点短接电阻 R)→接触器 KM₁ 线圈得电→电动机 M₁ 正向启动。合上刀开关 QK→按下反向启动按钮 SB₄→接触器线圈 KM 得电(同时时间继电器 KT 线圈也得电)→中间继电器 KA 线圈得电(同时 KM 接点短接电阻 R)→接触器 KM₂ 线圈得电→电动机 M₁ 反向启动。

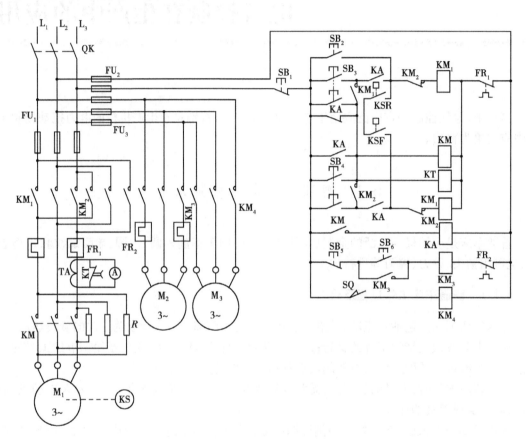

图 6.1 C650 型普通车床电气控制图

1)按下停止按钮 SB₁→M₁ 停转

主电路中通过电流互感器 TA 接入电流表,以防止启动电流对电流表的冲击,启动时利用时间继电器 KT 常闭接点把电流表 A 短接,启动结束后,KT 常闭接点断开,电流表 A 投入使用。

2)M₁ 的反接制动控制

该控制采用速度继电器实现电气反接制动控制。如 M₁ 的正向反接制动过程:当电动机正转时,速度继电器正向常开接点 KSF 闭合。制动时,按下停止按钮 SB₁→接触器 KM、时间继电器 KT、中间继电器 KA、接触器 KM₁ 均断电,主回路串入电阻 R→松开 SB₁→接触器 KM₂ 得电(由于此时速度继电器正向常开接点 KSF 仍闭合)→M₁ 电源反接,实现反接制动,当速度接近于零时,速度继电器正向常开接点 KSF 断开→KM₂ 断电→M₁ 停转,制动结束。M₁ 的反向反接制动过程与正向类似。只是电动机 M_1 反转时,速度继电器的反向常开接点 KSR 动作,反向制动时,KM_1 通电,实现反接制动。

6.1.3　刀架快速移动控制

刀架的快速移动由移动电动机 M_3 拖动,有刀架快速移动手柄操作。转动刀架手柄压下限位开关 SQ→接触器 KM_4 线圈得电→电动机 M_3 运转,实现刀架快速移动。

6.1.4　冷却泵电动机的控制

按下启动按钮 SB_6→接触器 KM_3 线圈得电→电动机 M_2 运转,提供切削液。按下按钮 SB_5→KM_3 线圈失电→电动机 M_2 停止运转。

6.2　智能大厦的电梯电气控制系统

6.2.1　概述

电梯是广泛用于高层建筑内垂直运送乘客和货物的大型机电设备,是现代大型建筑物必不可少的运输工具,随着建筑物的发展,它的作用日益重要。

电梯的控制方式有按钮控制、手柄操作控制、信号控制、集选控制和串联控制、楼群程序控制等。这几种控制方式多采用继电接触器实现控制。近几年来随着高层建筑的发展,智能大厦的出现,对电梯的要求也越来越高,大厦内需要进行多台电梯的控制。多台电梯之间运行的优化,提高电梯的使用寿命,使有限数量的电梯能合理的使用,最有效的工作。

6.2.2　电梯的一般控制内容

1)电梯运行状态的控制

指电梯手动运行状态控制、自动运行状态控制和检修运行状态控制。

2)内指令和厅召唤控制

内指令控制:指在轿箱内操作按钮,电梯运行的控制。

厅召唤控制:指在厅门外操作按钮,电梯运行的控制。

3)指层控制

指示轿箱运行的位置。

4)门的控制

由拖动部分和开关门的逻辑控制两部分组成。拖动部分主要完成电动机的正、反转及调节开关门的速度。开关门的逻辑控制包括自动开、关门、门安全保护、本层厅外开门、检修时的开关门控制。

5)电梯的启动、加速和满速运行控制

电梯正常工作过程是启动后加速运行几秒后全速运行。

6)电梯的停层、减速和平层控制

当轿箱达到某楼层的停车距离时,电梯减速,进入慢速稳态运行。平层控制是保证电梯能准确到达楼层位置时才停止。

7)电梯行驶方向的保持和改变的控制

电梯做上行或下行行驶,完成上行(下行)行驶后才响应下行(上行)的行驶命令。但是,轿内指令优先,即当电梯在执行最后一个命令而停靠时,在门未关闭前,轿内如有指令则优先执行,决定运行方向。

如下举例说明电梯的电气控制系统。

6.2.3 电梯门的电气控制系统

电梯门的电气控制系统由拖动部分和开关门逻辑控制部分组成。如图6.2电梯门的电气控制图所示,拖动部分电气控制系统由直流电动机及减速电阻构成,控制电动机的正、反及调节开关门速度。其中 KM_1 是控制开门的继电器, KM_2 是控制关门的继电器, S_1 是开门第一限位开关, S_3、S_4 分别是关门第一、第二限位开关。

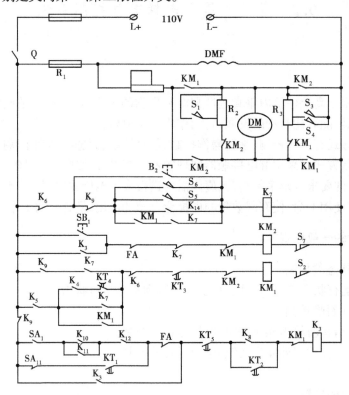

图6.2 电梯门的电气控制原理图

开关门逻辑电路包括自动开、关门控制、门安全电路、本层厅外开门、检修时的开、关门控制。

(1)自动关门

当电梯停靠开门后,停层时间继电器 KT_1 延时 4~6s 后复位。启动关门继电器 K_3 经线路:司机操作继电器 SA_1 常闭接点→停层常闭接点 KT_1→过载继电器接点 FA→主电动机慢速第一延时继电器 KT_2 常闭接点控制其得电,关门继电器 K_2 线圈得电,以使自动门电动机实现关门动作。关门时的调速由关门限位开关 S_3、S_4,分段短接电阻 R_1 实现。要提早关门可以使用关门按钮 SB_1 实现。若关门前,电梯超载,超载开关 FA 动作,不能关门,电梯不能启动。

（2）自动开门

开门之前门是关闭的，门锁继电器接点 K_4、停层时间继电器 KT_1 接点闭合，当电梯慢速平层时，接通开门区域继电器 K_5（接点闭合），平层结束，运行继电器 K_6（接点）复位，开门继电器线圈 KM_1 得电并自保。实现开门动作。开门时的调速由开门限位开关 S_1、短接电阻 R_3 实现。

1）安全电路

关闭门的过程中，如果有乘客（或物体）挤挡安全触板时，安全触板微动开关 S_5、S_6 闭合，关门继电器 KM_2 线圈失电，开门继电器 KM_1 线圈得电，此时门未关闭又重新打开。

2）本层厅外开门控制

按下本层召唤按钮，可使厅外开门继电器线圈得电，本层厅外门打开。

3）检修时的开关门控制

检修电梯时，自动开关门控制环节失效，检修人员手动操作开、关门按钮 SB_2、SB_1 来进行，松开按钮时，门的运动立即停止。

以上只对电梯门的电气控制系统作简单介绍，以此说明电器控制在电梯上的应用。

近几年来，随着控制技术的发展，电气控制技术也不断发展，出现了一些新型的控制器，使得自动控制的实现更方便、容易、控制功能更完善。例如把可编程序控制器应用于电梯的控制。不但接线简单，可靠性高，而且容易实现复杂的逻辑控制功能。

如下是 PLC 可编程序控制器实现对电梯门的逻辑控制。

6.2.4　PLC 控制电梯

（1）PLC 输入／输出配置列表 6.1

表 6.1　PLC 输入／输出配置列表

功能	继电器功能符号	PLC 对应元件号
输入信号		
司机操作开关	SA_1	X 400
过载继电器	FA	X 401
门锁继电器	K_4	X 402
开门区域继电器	K_5	X 404
门安全触动微动开关	S_5、S_6	X 405、X 406
开门手动	SB_2	X 407
关门手动	SB_1	X 410
关门限位开关	S_3、S_4、S_7	X 500、X 501、X 502
开门限位开关	S_1、S_2	X 503、X 504
输出信号		
关门继电器	KM_2	Y 430
开门继电器	KM_1	Y 431
其他信号		
停层时间继电器	KT_1	T 450

续表

功能	继电器功能符号	PLC 对应元件号
电动机调速第一级延时	KT_2	T 451
电动机调速第三级延时	KT_3	T 452
停站继电器	KT_5	T 453
门安全控制继电器	K_7	M 100
启动关门继电器	K_3	M 101
运行继电器	K_6	M 102
运行辅助继电器	K_8	M 103
检修继电器	K_9	M 104
电梯上行换向	K_{10}	M 105
电梯下行换向	K_{11}	M 106
方向辅助继电器	K_{12}	M 107

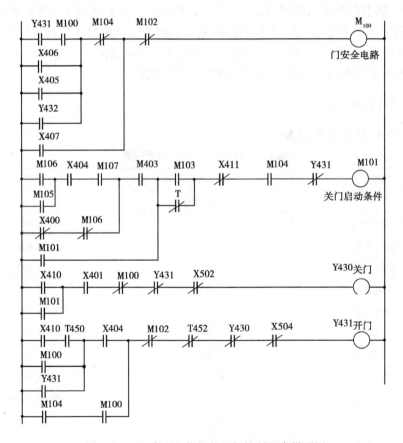

图 6.3　PLC 实现电梯门的逻辑控制程序梯形图

(2) 如图 6.3 所示，PLC 实现电梯门控制的逻辑控制程序梯形图

由于电梯控制要求高，控制复杂，如果采用常规继电器控制电梯，电梯控制的可靠性较差，并且接线非常复杂。而 PLC 是采用程序控制，是软接线，因此可靠性大大提高，所以目前有许多电梯厂家把 PLC 应用于电梯控制。但是用 PLC 控制电梯，其成本较常规继电器控制要高。

使用 PLC 控制电梯,控制系统的电机控制主电路以及系统的输入、输出仍使用低压电器。

6.3　桥式起重机的电气控制系统

6.3.1　桥式起重机的概述

桥式起重机是一种用来提升和放下重物,以及在固定范围内装卸、搬运物料的起重机械。它广泛用于工矿企业、车站、港口、建筑工地等场所。它一般具有提升重物的提升机构和平移机构等。

桥式起重机由桥架、大车运行机构和装有起升、运行机构的小车等几部分组成。桥架由两正轨箱型主梁、端梁和走台等部分组成。大车运行机构由驱动电动机、制动器、减速器和车轮等部件组成。常见的驱动方式有集中驱动和分别驱动两种。大车可沿着桥架端梁轨道做纵向移动。小车由安装在小车架上的移动机构和提升机构等组成。小车移行机构也由驱动电动机、减速器、制动器和车轮组成,在小车移行机构驱动下,小车可沿桥架主梁轨道作横向移动。小车提升机构用来吊运重物,它由电动机、减速器、卷筒、制动器等组成。10t 以上的桥式起重机设有两个提升机构,即主钩、副钩提升机构。

6.3.2　控制要求

1)能快速升降,轻载提升速度应大于额定负载的提升速度。

2)具有一定的调速范围,普通起重机调速范围为 3∶1,要求高的为 5∶1 ~ 10∶1。

3)具有适当的低速区,一般在 30% 额定速度内分为几挡,以便选择。

4)提升的第一挡,为预备级,为了消除传动间隙,将钢丝绳张紧,这一挡的电动机启动转矩不能太大,一般在额定转矩的 50% 以下。

5)负载下降时,根据负载的大小,提升电动机可以工作在电动、倒拉制动、回馈制动等状态下,以满足对不同下降速度的要求。

6)为了安全,起重机要有机械制动和电气制动。

7)具有完善的保护环节和联锁环节。

6.3.3　10t 桥式起重机电气控制

10t 桥式起重机是小型桥式起重机,只有主提升机构,大车采用分别驱动方式。采用凸轮控制器直接控制,如图 6.4 为 10t 桥式起重机的控制线路原理图。

起重机由四台电动机拖动,M_1 为主提升机;M_2 下车电动机;M_3、M_4 为大车电动机。两电动机控制要求一样。凸轮控制器挡数为 5—0—5,左、右各 5 个操作位置,分别控制电动机的正反转;中间为零位停车位置,控制电动机的启动和调速。Q_1 位是卷扬机电动机凸轮控制器,Q_2 是小车运行机构凸轮控制器,Q_3 是大车运行机构凸轮控制器,其他触点在不同操作位置时的工作状态如图 6.4(b)。主电路中,YB 是电力液压驱动式机械抱闸制动器,用做机械制动。

(1)桥式起重机启动控制

凸轮控制器 Q_1、Q_2、Q_3 均在原位置时,合上开关 QS 接通系统电源,按下启动按钮 SB_1,接

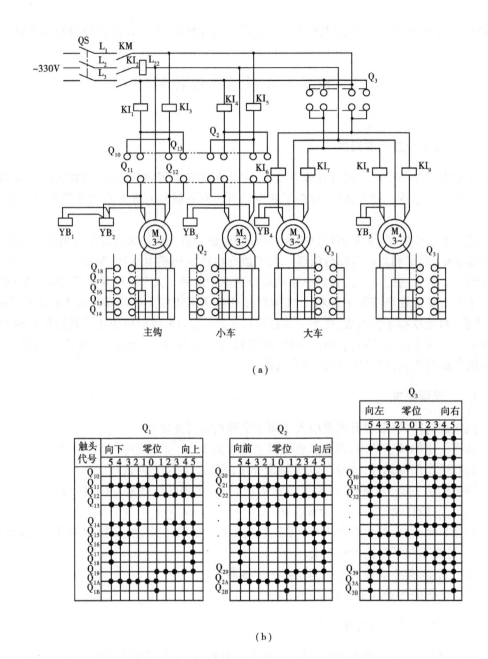

图 6.4 10t 桥式起重机的控制线路原理图

（a）主电路 （b）凸轮控制器状态表

触器 KM 线圈通电并自锁，电动机供电电路上电。之后由凸轮控制器 Q_1、Q_2、Q_3 分别控制各台电动机工作。

（2）提升机的控制

提升机的负载是主钩，轻（空）载升降时，总负载是恒转矩性的反抗性负载；重载升降时，负载是恒转矩的位能性负载。采用绕线转子异步电动机的转子串五级不对称电阻进行调速和启动。由凸轮控制器 Q_1 完成提升、下降工作状态的转换和启动，以及调速电阻的切除与投入。结合图 6.5 提升机电动机的机械特性说明它的控制过程。

1) 主钩上升控制

控制器 Q_1 置于上升位置 1, 电动机 M_1 正转（主钩上升）, 如图 6.5 所示, 电动机工作于第一象限中特性曲线 1, 启动力矩较小, 可用于张紧钢丝绳, 轻载时可提升负载。控制器 Q_1 操作手柄置于位置 2 转子电阻被短接了一部分, 电动机工作于特性曲线 2, 随操作手柄置于位置 3、4、5 时, 电动机转子接入的电阻逐渐减小至零, 运行状态随之发生变化, 在提升重物时速度逐级提高, 如特性曲线图中的 A_1、A_2、A_3、A_4、A_5 等工作点所示。极低速度提升重物时, 操作手柄在提升和零位之间往返扳动, 实现点动控制。

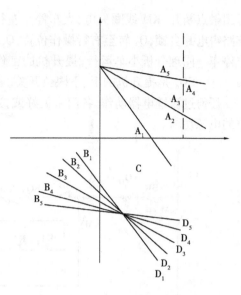

图 6.5 提升电机的机械特性

2) 主钩下降控制

空钩或轻载时, 控制器 Q_1 置于下降位置 1 ~ 5 挡, 电动机工作在第三象限反向电动状态, 空钩或工件被迫下降, 如图 6.5 特性曲线上 B_1 ~ B_5 等工作点所示。

重载时（工件较重时）, Q_1 置于上升位置 1, 电动机工作在第四象限的倒拉制动状态, 工件以低速下降, 其工作点为 C 点。

当控制器 Q_1 由零位置迅速通过下降位置 1 ~ 4 扳至 5 挡, 电动机转子外接电阻全部被短接, 电动机工作在第四象限的回馈制动状态, 其转速高于同步转速, 工作点如 D_5 所示。若将手柄停留于 1 ~ 4 挡, 转子电阻部分被短接, 相应工作点为 D_1 ~ D_4, 电动机转速很高, 重物下降速度极快, 不安全。可以将操作手柄在下降和零位之间往返扳动, 实现低速点动控制放下重物。

3) 小车控制

小车移行机构要求以 40 ~ 60m/min 的速度在主梁轨道上做往返运行, 转子采用串电阻启动和调速, 共分 5 挡。为实现准确停车, 也采用了机械抱闸制动器制动。其凸轮控制器 Q_2 的原理和接线与凸轮控制器 Q_1 类似。

4) 大车控制

大车运行机构要求以 100 ~ 135m/min 的速度沿端梁轨道做往返运行。大车是由两台电动机及减速和制动机构进行分别驱动的, 凸轮控制器 Q_3 同时采用两组各 5 对接头, 分别控制电动机 M_3、M_4 的 5 级电阻的短接与投入。原理与凸轮控制器 Q_1 类似。

（3）控制与保护电路

如图 6.6 桥式起重机控制与保护线路所示。图中 SB_2 是手动操作紧停控制开关, SQ_M 为桥式起重机驾驶室门安全开关, SQ_{C1}、SQ_{C2} 为仓门开关, SQ_{A1}、SQ_{A2} 为栏杆门开关, 各门关闭时, 其常开触点闭合, 起重机可以启动运行。KI_1 ~ KI_9 为各电动机的过流保护继电器, 无过流现象时, 其常闭触点闭合。凸轮控制器 Q_1、Q_2、Q_3 均在零位时, 按启动按钮 SB_1, 接触器 KM 线圈得电并自锁, 电动机主电路上电, 起重机可以工作。

接触器 KM 线圈的自锁电路是由大车移行凸轮控制器的触点、大车左、右移行限位保护开关, 提升机构凸轮控制器的触点与主钩下放或上升限位保护开关构成的电路组成。如: 大车左行时, KM 线圈由 Q_{39}、SQ_1 串联支路得电自锁, 大车到达左极限位置时, 压下限位开关, 即 SQ_1

常闭触点断开,KM 线圈失电,大车停止左行。将 Q_3 转至原位,按下 SB_1,KM 线圈由 Q_{3A}、SQ_2 支路得电并自锁,Q_3 转至右行操作位置,Q_{3A} 仍闭合,大车右行(SQ_1 复位),Q_3 转回零位时,大车停车。同理分析小车运行,提升机的工作时的保护电路。SQ_3、SQ_4 是小车的前、后限位开关。SQ_5、SQ_6 是提升机的上、下限位开关。

任何过流继电器动作、各门未关好或按紧停按钮 SB_2,接触器 KM 线圈都会断电,将主电路的电源切断。

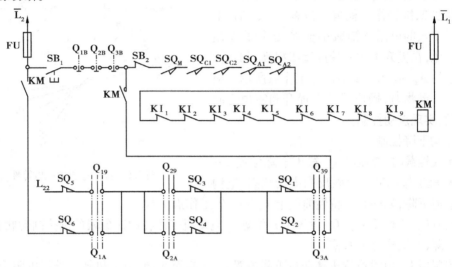

图 6.6　桥式起重机控制与保护线路

6.4　智能大厦生活水泵的电气控制系统

给高层建筑、大厦供水,一般采用市网水先注入大厦的低层储水池中,再用水泵把水输送至大厦高层水箱或天面水池,由天面水池或高位水箱下部的输水管送至大厦各用户的供水方式。

6.4.1　控制要求

1)水泵的自动运行由地下水池水位和高位水箱(或天面水池)水位控制。当高位水箱水位达到低水位时,生活水泵启动往高位水箱注水;当水箱中水位升至高位时,水泵自动关闭。当地下水池水位处于低水位时,为避免水泵的空转运行,无论高位水箱的水位如何,水泵都不能启动。

2)为保障供水可靠性,水泵有工作泵和备用泵,工作泵发生故障时,备用泵自动启动。

3)控制系统有水泵电动机运行指示,及自动和手动控制的切换装置、备用泵自投控制指示。

6.4.2　电器控制线路

如图 6.7 水泵电器控制图所示:其中 KP_1、KP_2 分别表示地下水池水位的低限和高限检测信号,KPL、KPH 分别表示高位水箱中水位的低限和高限检测信号。

(1) 自动控制

1) 正常工作时,设手柄位于 A_1 挡,控制过程如下:

当地下水池水位为高水位时,KP_1,KP_2 触点均闭合。此时,若高位水箱为低水位,KP_L 触点闭合,KA_1 线圈得电,KA_1 常开触点闭合。转换开关 SA 手柄置于 A_1 位,此时线圈 KM_1 得电,工作水泵电动机启动,正常运行,向高位水箱注水,当高位水箱中的水位到达高水位时,高水位检测器给信号,即 KP_H 触点断开,KA_1 线圈失电,KA_1 触点复位,线圈 KM_1 失电,工作水泵电动机停止工作,水泵停止供水。

2) 水泵自投控制

一旦高位水箱中的水处于低水位时,KP_L 触点闭合,KA_1 线圈得电,若工作水泵不能启动或运行中保护电器动作,导致工作水泵停车,KM_1 的常闭触点复位闭合,此时,警铃 HA 发出事故音响信号,同时 KT 时间继电器工作,延时一段时间后,KA_2 线圈得电,其常开触点闭合,而转换开关 SA 手柄置于 A_1 位,KM_2 线圈得电,备用水泵启动运行。

当地下水池的水处于低水位时,KP_1 触点断开,KA_1 不能得电,不能送出高位水箱的低水位信号;当地下水池中的水未达到允许抽水的高水位时,KP_2 不能闭合,KA_1 也不能得电。这两种情况下,无论高位水箱是否需要供水,均不能自动启动水泵。

同理,当转换开关手柄位于 A_2 时,KM_2 控制的水泵为工作泵,KM_1 控制的为备用泵。工作原理类似。

(2) 手动控制

将转换开关 SA 置于 M 挡,则信号控制回路不起作用,此时,可操作手动按钮开关,控制两台水泵电动机的启动和停止。

(3) 信号显示

合上开关 S 时,电源信号灯 HL_1 指示,水位控制信号回路投入工作。电动机 M_1 启动时,信号灯 HL_3 指示;电动机 M_2 启动时,信号灯 HL_4 指示。备用水泵投入时,事故信号灯 HL_2 指示。

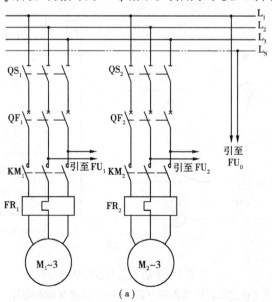

(a)

169

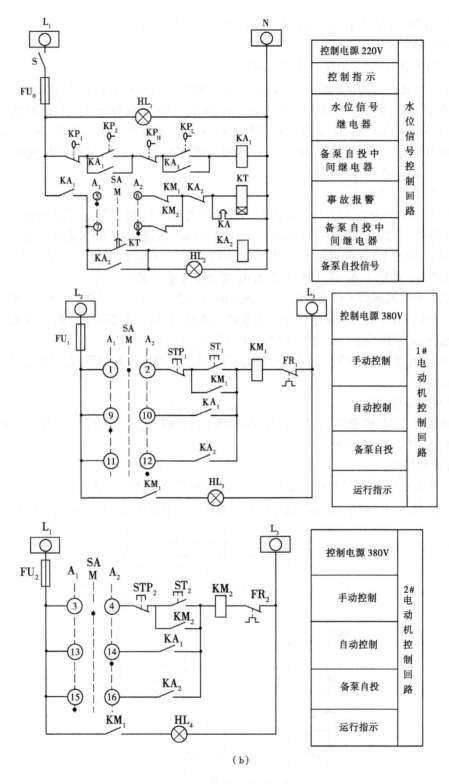

图6.7 生活水泵电器控制图

(a)生活泵电动机主电路 (b)生活水泵控制电路

可编程序控制器 PLC 也可实现以上"生活水泵"的控制。水泵控制比较简单,控制要求不高,如果采用 PLC 控制,成本会很高,不经济。采用常规继电器控制,线路并不复杂,可以降低成本,所以并不是所有的采用 PLC 控制都合适,要根据控制的要求和控制规模来定。

小　结

本章介绍了常用低压电器在生产与生活中的应用,对某些例子同时也给出了 PLC 的控制线路,并作了相应的比较。进一步说明了低压电器及其控制线路在生产与生活中的不可取代的地位和作用。

习　题

6.1　简述 8 层楼电梯的工作过程,说明其电器控制原理。

6.2　试比较用继电器控制电梯与用 PLC 控制电梯的优点和缺点。

6.3　举一个生活中你熟悉的例子,说明电器控制在其中的应用。

第**7**章
可通信的低压电器与现场总线

7.1 概 述

低压电器与电气控制技术的发展,取决于国民经济的发展,取决于现代工业自动化发展,取决于新理论、新技术、新工艺、新材料的研究与应用。

随着微电子技术、自动控制技术、智能化技术和计算机技术的迅速发展,给低压电器产品的发展注入了新鲜血液,新的活力。一些电器元件被电子化、集成化,一些电器元件采用了新技术成为智能化电器,促使电器元件本身也朝着新的领域发展,不断涌现出新型产品。智能化电器是根据传统电器的工作原理和微处理器或微计算机相结合而研制成的,它充分利用微计算机的计算和存储能力,对电器的数据进行处理和调理,使采集的数据最佳。

随着通信技术和工业计算机网络技术(Internet / Intranet / Ethernet)在各行各业的深入与渗透,进一步促进了低压电器的智能化与信息化,而智能化电器使得电气控制技术网络化成为可能。这就要求低压电器具有双向通信功能,能与上位机或中央控制计算机进行通信,可以与外界数据网络进行双向数据交换和传输。为了实现低压电器的双向通信功能,低压电器必须向电子化、集成化、智能化及机电一体化方面发展。对可通信低压电器的基本要求是:带通信接口、通信规约标准化、可以直接挂在总线上及符合低压电器标准和相关 EMC 要求。智能化电器实现信息化,就是使智能电器在现场级实现 Internet / Intranet / Ethernet 功能,从传统的现场开关量、模拟量信号控制方式,转为生产过程现场级的数字化的网络控制方式,其技术核心是实现通信协议。这带动和促进了电气控制技术产生巨大的变革和飞跃。利用Internet/Intranet/Ethernet 可对现场的智能电器进行远程在线控制、编程和组态等。基于现场总线技术、具有通信功能的电器称为可通信电器。目前现场总线技术正向上、下两端延伸,其上端和企业网络的主干 Internet、Intranet 和 Ethernet 等通信,下端延伸到工业控制现场区域。

近年来,现场总线的出现是工业自动化控制系统和现场仪表的一次大变革。现场总线技术的研究和应用已成为国内外关注的热点。其原因是:

1)现场总线是一种造价低、可靠性强、适合于工业环境使用的通信系统;

2)与传统的通信系统相比较,传统方法要用多根电缆使数据并行传送,而现场总线仅需

172

要一根双芯电缆;

3)现场总线按国际标准采用统一的通信规范,具有"开放"的通信接口,允许用户选用不同制造商生产的分散 I/O 装置和现场设备;

4)现场总线使安装和布线的费用开销减少到最小,从而使成本和维护费用大大地节省;

同时,现场总线系统的结构必须是透明的、开放的,这是决定使用哪种现场总线时所遵循的重要原则。只有这样,才可能从市场上大量可供应的现场设备和部件中选择最佳的产品组成用户自己的系统。德国西门子公司的 PROFIBUS 现场总线(通信协议),AB 公司的 DeviceNet,TURCK 公司的 Sensoplex,Honeywell 公司的 SDS,Phoenix 公司的 InterBus-s、Seriplex 以及 ASI 等现场总线,分别应用于不同地区和场合。

综上所述,可通信低压电器是和一定的现场总线、通信规约、通信协议相联系的。统一的低压电器数据通信规约,使得控制系统可容纳各种各样的智能电器,只要它们具有使用统一"规约"的数据通信接口,就可以相互通信,从而使控制系统的设计和应用具有普遍性,使得智能电器的控制与保护性能有了"质"的变化。目前我国已编制了低压电器数据通信规约,并在城市电网关键技术项目《智能型低压配电和控制装置》中应用,推动了我国电力技术的发展。

本章主要介绍可通信低压电器产品,现场总线基本概念和现场总线 PROFIBUS。

7.2　低压电器数据通信的特点和技术基础

对于低压电器的数据通信来说,需要确定的是三部分的内容:

①考虑通信的主要内容,即与工业网络控制内容有关的信息,以及这些信息如何编码(数据代码)。

②考虑通信方面的问题,如数据传输格式,传输规则。

③关于数据通信网络结合的各种方案。

7.2.1　网络控制的内容

低压电器数据通信的主要内容是网络控制的对象参数,主要有以下三类:

①低压电器元件自身工作状态参数,例如:工作状态是接通还是断开,是否待命状态,已准备好还是未准备好,报警,故障状态等。

②低压电器元件所在工作支路的电参数,如电流、故障参数以及相关参数。

③控制网络工作参数,如遥调、遥控、遥测等。

7.2.2　通信方式

需要考虑的是数据传输格式、传输规则、数据链路符号、字节格式、帧格式、功能编码、波特率、差错处理等。

7.2.3　数据通信网络结构

同一网络遵循统一的通信规约,规约规定了低压电器与低压电器之间,低压电器与上一级计算机监控装置乃至与中央控制系统之间的数据传输格式、数据编码以及传输规则。规约应适用于点对点、一点对多点等数据通信网络。

(1)通信接口的硬件结构

第一层,机构接口:如 37 芯连接器、网络用接口等;

第二层,电气接口:如 RS-232、RS-422、RS-485 等;

第三层,与智能电器的中央处理器(CPU)或微处理器〈MCU〉输出口连接等;

第四层,处理器的功能设计,单处理器和双处理器方案等。

(2)通信线路的物理结构:光纤、屏蔽线、双绞线等

(3)上级机的接口硬件和监控软件、数据采集软件、通信接口相应的软件环境、通信软件模块化设计等

(4)网络结构

1)数据通信网络的结构,如为一点对多点的由上位机主呼的主从网结构等;

2)通信方式,广播应答方式等;

3)数据传送模式,如半双工类型等;

4)硬件接口电路类型,如 RS-485 接口电路等;

5)通信线路,如采用 UTP 双绞线等;

6)上位机中央处理器应为 586 以上。若上位机处于干扰严重的工业环境中,则选用工控机机型;

7)低压电器数据通信规约版本。

(5)通信功能

1)遥信功能,通信子站向上位机报送电器现时的各项保护参数。

2)遥测功能,通信子站向上位机报送工作参数、故障参数,达到上位机对工业控制系统遥测的目的。

3)遥调功能,通信子站接收上位机的遥调参数来改变电器中智能型脱扣器的保护特性参数,以达到改变电路干路参数设定值的目的。

4)遥控功能,通信子站接收上位机的控制信号来实现工业计算机控制系统的遥控功能。

7.2.4 低压电器数据通信的特点

从网络控制的角度来看,低压电器通信内容的特点在于有较强的有效性和实时性,特别是在工业控制系统的电路支路发生故障的情况下,系统响应的时间应该是毫秒级的。在有区域闭锁功能的控制系统对响应时间的要求就更高。

7.2.5 低压电器数据通信的规约

可通信电器能否完成与其他网络的挂接通信,也是评价产品开放性的指标。要想达到网络互联,不同厂家生产的控制设备,在网络上传输信息的格式、方式应遵循同一规约。国际标准化组织 ISO(International Standard Organization)制订了开放系统互联 OSI(Open Systems Interconnection)参考模型,为协调研制系统互联的各类标准提供了共同的基础和规约,为研究、设计、实现和改造信息处理系统提供了功能上和概念上的框架。

OSI 参考模型为开放系统提供一个概念上和功能性的主体结构,而不是开放系统互联的具体实现规范,相反地给予开放系统互联标准的具体实现以充分的灵活性。ISO/OSI 提出了 7

层参考模型,即物理层、数据链路层、网络层、传输层、会话层、表示层、应用层,具体应用时可采用其中的几层。

我国国标低压电器数据通信规约(版本号 V1.0),已在城市电网关键技术项目《智能型低压配电和控制装置》中开始应用。该规约规定了低压电器与低压电器之间,低压电器与上一级计算机监控装置乃至与中央控制系统之间的数据传输格式、数据编码以及传输规则。该规约适用于点对点、一点对多点的数据通信网络。规约规定了参数类型和相应的参数代码和通信的格式。主要内容如下:

(1)低压电器元件工作状态参数

1)工作状态:通、断;

2)待命状态:准备好、未准备好;

3)报警;

4)故障:已动作,未动作;

5)故障类型;

6)故障相代号。

(2)低压电器元件及其工作支路的电参数

1)电流(分相参数);

2)故障参数(故障值)。

(3)控制网络工作参数

1)遥调相关参数;

2)遥控信号。

(4)通信的格式

通信的格式规定了数据传输格式、传输规则、数据链路符号、字节格式、帧格式、功能编码、波特率、差错处理等。

7.3　现场总线基础

当前,工业自控系统的发展趋势是向分布化、网络化、集成化、智能化方向发展。为此计算机技术已成为推动工业自化控制系统体系结构不断变革的主要动力。现场总线控制系统是从20世纪80年代中期发展起来的,迅速崛起的现场总线技术采用了现代计算机技术中的网络技术、微处理器技术及软件技术,来实现现场设备之间的全数字通讯及现场设备的智能化,这无疑将给企业带来很大的经济效益。现已经被广泛应用于各行业的现场控制,由于其巨大的技术优势,被认为是工业控制发展的必然趋势。

7.3.1　现场总线控制系统的结构

现场总线是一种串行的数字数据通信链路,它沟通了生产过程现场级的基本控制设备之间以及车间级设备之间的联系。

图7.1是一个简单的现场总线控制系统的实例。该系统主要包括 PC 或 PLC、可通信低压开关电器、电源、扫描器、变频器调速装置、输入输出站、终端电阻、人机界面等一些实际应用的

设备。现针对图 7.1 中的各个部分加以说明：

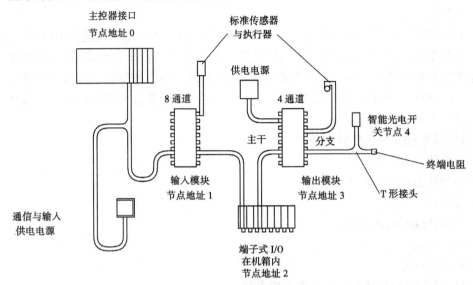

图 7.1　简单的现场总线控制系统实例

1）主控器是个人计算机 PC 或可编程序控制器 PLC，通过总线接口对整个系统进行管理和控制。

2）总线接口，也称为扫描器，可以是分别的卡件，也可以集成在 PLC 中。总线接口是连接主控器和网络管理器到总线的桥梁，也就是主控器和网络管理器到总线的网关。其功能是管理来自总线节点的信息报告，将其信息报告转换为主控器能够读懂的某种数据格式并传送到主控器。总线接口的缺省地址通常设为"0"。

3）输入输出节点，在该实例中第一个节点是 8 通道的输入节点。虽然输入有许多不同的类型，在应用中最常用的是 24V 直流的 2 线、3 线传感器或机械触头。该节点具有 IP67 的防护等级，有防水、防尘、抗振动等特性，适合于直接安装在现场。

另一种节点是端子式节点，独立的输入/输出端子块安装在 DIN 导轨上，并连接着一个总线耦合器。该总线直流耦合器是连接总线的网关。这种类型的节点是开放式的结构，其防护等级为 IP20，它必须安装在机箱中。端子式输入/输出系统，包含有多种模拟量和开关量的输入/输出模块、串行通信、高速计数与监控模块。端子式输入/输出系统，可以独立使用，也可以结合使用。

图 7.1 中，节点地址 3 是一个输出站。连接一个辅助电源，该电源用于驱动电磁阀和其他的电器设备。通过将辅助电器与总线电源分开，可以降低在总线信号中的噪声。另外大部分总线节点，可以诊断出电器设备中的短路状态，并且报告给主控器，即使发生短路也不会影响整个系统的通信。

节点地址 4 连接的是一个带有总线通信接口的智能型光电传感器。这说明普通传感器等现场装置，可以通过输入输出模块连接到现场总线系统中，也可以单独装入总线通信接口，连接到总线系统中。

4）电源是网络上每个节点传输和接收信息所必须的。通常输入通道与内部芯片所用电源为同一个电源，习惯称为总线电源。而输出通道使用独立的电源，称为辅助电源。

5）总线电缆和终端电阻。总线电缆一般分为主干电缆和分支电缆。各种总线协议对于总线电缆的长度都有所规定,不同的通信波特率,对应不同的总线电缆长度。同时,分支电缆的长度也是有所限制的。终端电阻在一些总线系统中只是连接到两数据线的简单电阻。它是用来吸收网络信号传输过程中的剩余能量。

7.3.2　现场总线技术构成的新一代集散系统及其特点

传统的 DCS 与现场总线技术构成的系统,其体系结构如图 7.2 所示。

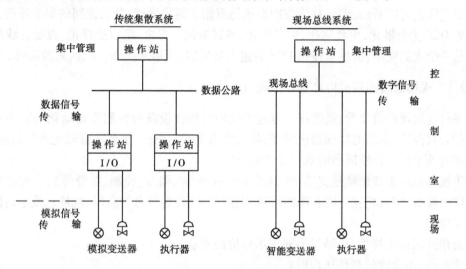

图 7.2　控制系统结构对比图

现场总线控制系统与传统集散系统相比有两个新特征,其一,现场总线控制系统是将传统集散控制系统中的数据公路、控制器、I/O 卡及模拟信号（4～20mA）的 4 部分传输线用统一标准的现场总线来替代;其二,传统集散系统中的模拟现场仪表（变送器、执行器等）用智能现场仪表替代,其智能体现在变送器不仅具有信号变换、补偿、累加功能而且有运算控制功能。执行器不仅具有驱动和调节功能,而且有特性补偿、自校验和自诊断功能。

这两大变革带来了很多优越性,简述于下:

1）控制室和现场仪表之间的通讯,可利用多种传输介质,如双绞线,光纤,同轴电缆等,提高了对不同现场环境的适应性。

2）系统中多个节点可共用一条物理介质传输,完成多变量通讯,从而大量减少了现场接线,即由原来的几百根,甚至几千根控制电缆减少到一根总线电缆,也使接线端子、电缆桥架等附件大幅度地减少,一般可节约导线 75% 左右,既安装简便又降低了工程造价。

3）全部采用数字信号传输信息,避免了信号衰减、共模和外部干扰等噪声问题,还可实现检错、纠错功能,从而极大的提高了信号转换、传输的精度和可靠性。

4）现场仪表智能化可就地分散处理数据和进行控制运算,做到数据库分散、报警控制功能分散。当然,在控制室用数字通信方式进行操作与调整的功能仍然能保持。由于现场总线高度分散性和现场仪表的自治性,使整个系统安全可靠性大大加强。

5）由于系统集成简化、线路接线点及线耗减少,再加以自诊断功能增强,同时用户通过现场仪表引入功能块后组态方法简便,使系统维护工作量大大减少且方便快捷。

以上5点体现出控制系统进入到全分散化、全数字化以及智能化后的综合效益。但只有这些还显得不足,假若再进一步对现场总线制定一个各制造厂商共同遵守的通讯标准,就可以做到全开放化,它将带来第6个优越性。

6)控制系统是全开放的,用户可以从各公司产品中择优选用,并可将不同厂家的仪表挂在同一总线上,集成一体进行互相通讯互相操作,实现不同制造商产品完全互操作性,解除了用户在选用现场仪表时因不同品牌的互不兼容招来的烦恼。这也带来在今后产品更新换代时,不必升级系统软件的好处。

从以上陈述可以看出,现场总线控制系统仍遵循了集中管理、分散控制的集散原则。只是比传统的 DCS 更分散化,更数字化,更开放化,更智能化。总之,可以这样说:现场总线控制系统的确是一个大的变革,但也是传统 DCS 的进一步发展,所以它是新一代的集散系统。

7.3.3 现场总线的实质内容是一个通讯协议

现场总线从硬件角度看,是连接工业过程现场智能化设备与控制室自动化装置的数字化的、串行的、双向的、多站的局部通讯网络;从软件角度看,它是一个要求自动化产品制造厂商,共同遵守的关于现场总线网络的双向数字通讯协议。

由于现场总线服务领域是支持现场装置(传感、变送、调节、控制、监督等),它的主要任务是保证网内设备之间,相互透明有序的传递信息和正确理解信息。所以,现场总线通信协议需满足以下要求:

1)通讯介质的多样性:以满足不同现场环境的要求。

2)实时性:不允许信息传送误时。

3)信息的完整性、精确性:用描述设备状况的语言,反映其全部状态。

4)可靠性:抗各种干扰和完善的检错、纠错手段。

5)总线供电方式:仪表直接从总线上摄取能量。

6)可互操作性:不同厂商制造的现场仪表可在总线上互相通讯,互相操作。

7)本质安全性:总线及智能仪表需满足安全防爆标准。

目前,国际现场总线基金会(Fieldbus Foundation)制订了现场总线协议,其模型中各层内含如下:

现场总线通信协议是按照 ISO(国际标准化组织)制定的 OSI(开放系统互联)参考模型建立的。OSI 参考模型共分7层,即物理层、链路层、网络层、传输层、会话层、表示层与应用层。现场总线则结合自身对象特点加以简化,采用了物理层、链路层和应用层。同时考虑到现场装置的控制功能和具体运用,又增加了用户层,如图7.3所示。

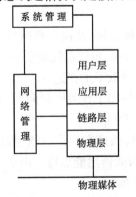

图7.3 FF 现场总线网络协议模型

其各层定义功能如下:

第1层 物理层(physical layer)

定义信息传输媒体的有关特性具体如下:

1)媒体类型

2)媒体上传送速率

3)信号幅值、波形、带宽

4）可用于总线的媒体长度及阻抗

5）响应时间

6）总线上挂接现场装置数

7）总线供电方式

8）屏蔽接地要求

第 2 层　数据链路层（Data link layer）

定义总线网络如何被共享与调度。它保证了数据完整性以及信息传输的差错检验和纠错方法；它规定了信息流的控制方法决定何时与谁进行对话；所有连接到同一媒体通道上的应用进程，实际上都是通过本层实时管理，从而为用户提供了可靠且透明的数据传输服务。本层分为两个子层：

媒体访问子层（MAC），主要负责对共享总线的通信交通管理，并检测传输线路情况。

逻辑链路子层（LLC），主要负责对节点间数据发送、接收信号进行逻辑控制。同时对传送进行差错检验和纠错。

第 3 层至第 6 层没有使用。

第 7 层　应用层（Fiedbus Application layer）

应用层是根据用户程序，提供事务处理服务和文件传送协议的。它分为两个子层：

上面子层是应用服务，由现场总线报文规范定义了提供的服务和报文格式。

下面子层是现场总线访问子层，它为用户应用程序和数据文件进行交换提供了 3 种类型服务，即发布索取方式、客户/服务方式和报告分发方式。

第 8 层是增加层，即用户层（User layer）

本层是专门针对工业自动化领域的，它是考虑现场装置的控制功能和具体应用而增加的。它定义现场设备数据库之间互相存取的统一规则，它定义有标准功能块供用户组态成系统。每个现场仪表均用设备描述（DD）来描述，保证了该协议信息完整性和总线设备之间可互操作性。

现场总线基金会系统结构为每个设备定义了一个网络管理代理。网络管理代理可以提供组态管理，性能管理和差错管理的能力。进行这些管理需访问设备时，并不要求使用特殊的网络管理协议，可用原有的设备访问协议。

系统管理负责完成设备地址的分配、功能块执行调度、时钟同步和标记定位等功能。

7.4　现场总线 PROFIBUS

PROFIBUS 现场总线是全球应用最广泛的现场总线技术。PROFIBUS 现场总线技术已被列为 IEC61158 国际标准。多年来，PROFIBUS 成功地应用于制造业、楼宇、过程自动化和电站自动化等领域。它主要包括最高波特率可达 12M 的高速总线 PROFIBUS-DP（H2）和用于过程控制的本安型低速总线 PROFIBUS-PA（H1）。DP 和 PA 的完美结合，使得 PROFIBUS 现场总线在结构和性能上优越于其他现场总线。PROFIBUS 的技术性能，使它可以应用于工业自动化的各个领域，除了安装简单外，多种网络拓扑结构（总线型、星型、环型）以及可选的光纤双环冗余。PROFIBUS 既适合于自动化系统与现场信号单元的通讯，也可用于可以直接连接带有接口的变送器、执行器、传动装置和其他现场仪表及设备,对现场信号进行采集和监控,并且用一对双绞线替代了传统的大量的传输电缆,大量节省了电缆的费用,也相应节省了施工调试以及系统投运后的维护时间和费用。根据统计,与常规技术相比,使用 PROFIBUS 可以使工程总造价降低 40% 以上。

● 支持 PROFIBUS 的自控厂商已多达 250 家,产品 2 000 多种,应用项目 20 万个,安装的节点达 250 多万个,设备总价值 50 亿美元。

● PROFIBUS 产品的年增长率达 25%,是增长最快的现场总线技术。

● 1989 年成立了用户组织,现已有 650 多个企业成员。

20 世纪 90 年代初,PROFIBUS 由西门子公司引入中国,开始被国内所接受。由于得到中德两国政府有关部门的支持以及西门子公司的大力推广,PROFIBUS 在中国发展势头良好。目前,PROFIBUS 在我国已拥有众多用户,如上海杨树浦电厂、西安杨森制药厂、云南玉溪卷烟厂、青岛啤酒厂、海尔冰箱生产线等。PROFIBUS 是一种国际化、开放式、不依赖于设备生产商的现场总线标准,是一种用于工厂自动化车间级监控和现场设备层数据通信与控制的现场总线技术。可实现现场设备层到车间级监控的分散式数字控制和现场通信网络,从而为实现工厂综合自动化和现场设备智能化提供了可行的解决方案。

7.4.1 ISO/OSI 模型

PROFIBUS 利用了现有的国家标准和国际标准。其协议以国际 ISO(国际标准组织)标准 OSI(开放系统互联)参考模型为基础。

图 7.3 就是 PROFIBUS 协议的 ISO/OSI 通信标准模型。ISO/OSI 通信标准模型由 7 层组成,并分成两类。一类是面向用户的第 5 层到第 7 层,另一类是面向网络的第 1 层到第 4 层。第 1 层到第 4 层描述数据从一个地方传输到另一个地方,而第 5 层到第 7 层给用户提供适当的方式去访问网络系统。

7.4.2 协议结构和类型

从图 7.3 中可以看出,PROFIBUS 协议采用了 ISO/OSI 模型中的第 1 层、第 2 层以及必要时还采用了第 7 层。第 1 层和第 2 层的导线和传输协议依据美国标准 EIARS485[8]、国际标准 IEC 870—5—1[3] 和欧洲标准 EN 60870—5—1[4]。总线存取程序、数据传输和管理服务,基于 DIN19241[5] 标准的第 1 到 3 部分和 IEC955[6] 标准。管理功能(FMA7)采用 ISO DIS 7498—4(管理框架)的概念。

从使用的角度看,PROFIBUS 提供了 3 种通信协议类型:DP, PA 和 FMS。

(1)PROFIBUS—DP

PROFIBUS—DP 使用了第 1 层、第 2 层和用户接口层。第 3 到 7 层未使用,这种精简的结构确保高速数据传输。直接数据链路映像程序(DDLM)提供对第 2 层的访问。在用户接口中,规定了 PROFIBUS—DP 设备的应用功能,以及各种类型的系统和设备的行为特性。

这种为高速传输用户数据而优化的 PROFIBUS 协议,特别适用于可编程序控制器与现场级分散的 I/O 设备之间的通信。西门子公司的低压开关设备(SIRIUSNET)应用这一层。使用 PROFIBUS—DP 可取代 24VDC 或 4—20mA 信号传输。

(2)PROFIBUS—PA

PROFIBUS—PA 使用扩展的 PROFIBUS—DP 协议进行数据传输。此外,它执行规定现场设备特性的 PA 设备行规。传输技术依据 IEC 1158—2[7]标准,确保本质安全和通过总线对现场设备供电。使用段耦合器可将 PROFIBUS—PA 设备很容易地集成到 PROFIBUS—DP 网络之中。

PROFIBUS—PA 是为过程自动化工程中的高速、可靠的通信要求而特别设计的。用 PROFIBUS—PA 可以把传感器和执行器连接到通常的现场总线段上,即使在防爆区域的传感器和执行器也可如此。

(3)PROFIBUS—FMS

PROFIBUS—FMS 使用了第 1 层、第 2 层和第 7 层。应用层(第 7 层)包括 FMS(现场总线报文规范)和 LLI(低层接口)。FMS 包含应用协议和提供的通信服务。LLI 建立各种类型的通信关系,并给 FMS 提供不依赖于设备的对第 2 层的访问。

FMS 处理单元级(PLC 和 PC)的数据通信。功能强大的 FMS 服务可在广泛的应用领域内使用,并为解决复杂通信任务提供了很大的灵活性。

PROFIBUS—DP 和 PROFIBUS—FMS 使用相同的传输技术和总线存取协议。因此,它们可以在同一根电缆上同时运行。

7.4.3 PROFIBUS 在工业通信网络中的位置及自动化系统的组成

全集成自动化是自动化任务的一种创新的解决方案,是一次深入全面的技术革命,它给企业带来难以想象的巨大经济利益。全集成自动化意味着:通过单一的、全集成自动化系统能解决所有的自动化任务,仅在一个平台下就可以提供全部功能!

在全集成自动化系统中,网络扮演特别重要的角色。通信网络是这个系统重要的、关键的组件,是系统的支柱,提供部件和网络间完善的工业通讯。

典型的工厂自动化系统的通信网络结构,如图 7.4 所示。

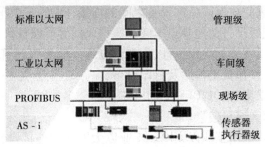

图 7.4 典型的工业通信网络结构

(1)传感器执行器级

这一级是最底层的现场级,现场的数字化的执行器和传感器被连成网络。这些设备接收和发送二进制信号(例如,接触器,电机起动器,电磁阀,阀岛等)。一般数据传输量较小,但要求极高的传输速率,这是 AS-i(即 AS interface)典型应用场合。自从 AS interface 问世以来,已成功地应用了上百万个站点。AS-i 接口和 PROFIBUS-DP 支持过程和现场级的通信。

有大量的阀门、执行器、驱动器等在现场级运行。所有这些执行器/传感器均需要连接到自动化系统。这是目前在现场使用分散型 I/O 设备的标准体现。在某种意义上,它能使远程智能部件就地执行动作。AS-i 接口用于各种执行器/传感器分散处于工厂和机器不同的场合。AS-i 接口替代复杂而又价格昂贵的成束电缆,它使用一根双芯电缆连接这些 I/O 设备。它连接二值的执行器和传感器,例如接近开关,阀门或指示灯到中央控制器。应用 AS-i 接口后,面目一新,彻底消除了拥挤、紊乱的接线,现场只需要一根总线电缆。还具有很高的保护等级(防溅 / IP65)。

AS-i 接口是单主系统。SIMATIC 系列提供 CP 通讯处理器,前者可作为过程和现场通讯的主站。

通过 DP/AS-i 接口链路将 AS-i 接口连接到 SIMATIC S7-400,链路的保护等级为 IP20 和 IP65。DP/AS 接口链路使 AS-i 接口作为子网直接连接到 PROFIBUS—DP。

AS-i 接口是开放的国际标准 EN50295。世界上居领导地位的著名执行器和传感器制造者都支持 AS-i 接口,它的电气和机械特点能满足所有对其感兴趣的企业和用户。

(2) 现场级

现场总线 PROFIBUS 位于工厂自动化系统中的底层,即现场级,是现场级向车间级的数字化通讯网络。PROFIBUS 用于连接现场设备如分布式 I/O 设备或驱动器到 SIMATIC S7 或 PC 自动化系统。PROFIBUS 符合标准 EN50170,是功能强大、开放和稳定的现场总线,响应时间非常地快。可提供以下的协议:

1)PROFIBUS—DP(分布式外设)用于连接分布式 I/O,例如,SIMATIC ET200,响应时间非常之快;

2)PROFIBUS—PA (过程自动化)本质安全的数据传送系统,是 PROFIBUS—DP 的扩展,它符合国际标准 IEC 61158—20。

PROFIBUS—DP 和 PROFIBUS—PA 使用于需要将执行器 /传感器分散于工厂的不同位置(即现场级)和有可能将这些器件就地组合到一个站的自动化系统。在此,执行器 /传感器连接到现场设备。现场设备根据主/从原理提供输出数据和输入数据到控制器或 PC。

(3) 车间级

车间级监控网络用来完成车间生产设备之间的连接,例如:一个车间多条生产线的主控制器之间的连接,完成车间级设备监控等。车间级监控包括生产设备状态的在线监控、设备故障报警及维护等。通常还具有诸如生产统计、生产调度等车间级生产管理功能。车间级监控通常要设立车间监控室,有操作员工作站及打印设备。

车间级监控网络可采用 PROFIBUS—FMS,它是一个多主网,这一级数据传输速度不是最重要的,而是要能够传送大容量信息。

车间级监控网络也可采用工业以太网。工业以太网作为连接操作员站、工程师站和自动化系统站的系统总线。工业以太网在物理层上采用高防护等级的通讯线缆或光纤传输,工业以太网的卡件上带有 CPU 可以独立处理通信信号,为工业用户提供高水平的通信方案。高速工业以太网是在工业以太网的通讯协议的基础上,将通信速率提高到了 100M/s。

(4) 工厂管理级

车间操作员工作站可通过集线器与车间办公管理网连接,将车间生产数据送到车间管理层。车间管理网作为工厂主网的一个子网。子网通过交换机、网桥或路由器等连接到厂区骨干网,将车间数据集成到工厂管理层。

在工业通讯的最高层即工厂管理层,通常管理层的计算机是几个厂的计算机全部联网,或者由服务器来管理多个客户机进而实现整个生产的控制。

数据传输量通常是以兆字节计,但数据传输实时性要求不严格。通常采用标准工业以太网作为传输介质。系统操作员站通过标准以太网同工厂管理信息系统进行生产计划的系统通信。

7.5 可通信低压电器

7.5.1 执行器/传感器接口——AS-i 网络

(1) AS-i 的功能作用

AS-i(AS interface)是西门子公司生产的,它应用于现场最底层,是高层控制系统与简单的数字化的执行器和传感器之间的通讯接口。

过去,每个执行器和传感器都要通过电缆连接到控制器和电源上(并列布线),这样就产生了巨大的成本支出,包括电缆线成本和布线成本。此外,复杂的布线系统本身也增加了出故障的可能性。自 1994 年 AS-i 问世以来,过程与本地机器的数字和模拟信号就可以以二进制的形式进行传输。在控制的最底层,传感器、接触器、电机起动器、指示灯和按钮等要传送二进制的大量信息,必须首先在它们之间建立起通信。今天,只需要先将传感器和执行器简单的连接起来,再通过一根 AS interface 电缆,就可以与控制系统建立连接。AS interface 已经能够简单、低成本地将数字化的传感器和执行器网络式地连接到高层控制系统中,而且满足工业控制的各种要求。

使用 AS interface 成本优势是非常可观的:例如,根据德国慕尼黑工业大学的研究结果,在一个铣床上采用 AS interface 后,可以节约至少 25% 的安装费用。

(2) AS-i 网络的工作特点

AS-i 是一种单主设备系统,即一个网络中只有一个主设备。它周期性询问从站点并等待它们的反应。从站点是 AS-i 系统的输入和输出通道,一般为一个接口模块,见图 7.5。只有当主设备下达指令后,才能激活从站点。一个 AS-i 网络系统最多可以有 31 个从站点,每个从站点有 4 位二进制数,即 4 个开关量输出装置与从站点连接,则最多可控制 124 个开关量的输出装置。AS-i 网络投入使用之前,必须对每个从站点加以编址,以便主设备能够与从站点通信。正是因为通过寻址方式,使主设备与指定的从站点通信,因而仅需一根简单的双芯电缆即能同时传载电信号和传感器的电源(24V DC),大大简化了布线和安装,也使系统的可靠性大幅度提高。

• 在单主系统中,AS interface 采用轮循的方式传送数据。也就是说,在接口网络系统中,只有一个控制模块(主站),它在精确的时间间隔内向其他站点传送数据。

• 为了精确满足底层控制系统的要求,AS

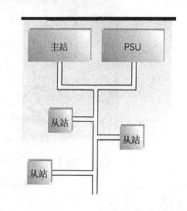

图 7.5 AS interface 网络的最小组态示例

interface 的数据传输量已被优化为与这一要求相适应。其数据帧的结构和长度都是固定的。在每个周期内,4 个输入位和 4 个输出位用于从站与主站时间的数据交换。

• 有实时性要求。最大循环时间是指主站再次轮循到某个从站时所花的时间,对于一个带 31 个标准从站的实用系统该时间值最大为 5ms。根据扩展规范 ,一个完全实用的 AS inter-face 系统可以带 62 个从站,其最大轮循时间为 10ms。对于多数控制系统,这个时间值是能满足"韧性实时性要求"的。轮循方式是确定性的,也就是主站能够"知道"其在特定时间内,访问连接到 AS interface 网络中的每个站点的当前数据。

• 数据传输采用简单的非屏蔽双绞线电缆或 PE 导线,既可以给传感器传送数据,也可以向传感器提供电源。智能化的数据传输协议,是在整个系统完全抗干扰的基础上建立的。因此,屏蔽是没有必要的。规范的黄色 AS interface 电缆已成为 AS interface 的一个标志。它采用的最新连接技术(绝缘穿刺技术),使组装起来方便高效。AS interface 网络当然也可以采用标准的通信电缆。但出于降低成本考虑,一般首选带状扁平电缆。

• 网络拓扑结构。AS interface 网络可像常规电气安装一样进行组态。网络可以采用任何一种拓扑结构,例如:总线形,星形或树形结构。

(3) AS-i 的主要部件

整个 AS interface 系统的最重要的部件体积都很小,大约跟指甲差不多大。没有这些部件, AS interface 也就不会像现在这般重要了。主要部件有:

1)从站

从站实际上是 PLC 的分布式输入输出模块。AS interface 模块能自动识别发自主站的数据帧,并向主站发送数据。每个标准的 AS interface 模块最多可以连接 4 个数字化的传感器和执行器。智能从站是指集成有 AS interface 芯片的传感器和执行器。这种电子器件的成本是最小的。

AS interface 从站可以是数字量、模拟量模块或气动模块。作为智能型站点也可以是 LED 信号灯柱,隔膜键盘,电机起动器,参见图 7.6 和图 7.7。还可以用气动模块来控制单冲程和双冲程气动气缸。这意味着不仅节省了电缆线成本,也节省了管材成本。

图 7.6　一台直流电机的分散式起动,采用一个
直流起动器模块和 AS interface 实现

2)主站

主站连接于上一级控制器,能自动地组织 AS interface 电缆上的数据传输,确保传感器与

图 7.7　在 AS interface 安装的电机起动器,可以实现
电机在机器上的直接起动和保护

执行器的信号,通过相应的接口能够传送到上一级总线系统（如:PROFIBUS）。请同时参见有关介绍。

除了轮循传送信号之外,主站还具有以下功能:向每个从站传送参数配置;连续的网络行监控;并进行故障诊断。

与大多数的复杂总线系统不同, AS interface 是一个自组态系统。用户不需要做任何设置（如访问权限,波特率,数据类型等）。

主站能自动完成 AS interface 的各种功能,而且具有自诊断功能。可以对取下来维修的从站进行故障诊断,并自动地为其分配地址。

图 7.8 和图 7.9 为 AS interface 接口主站。

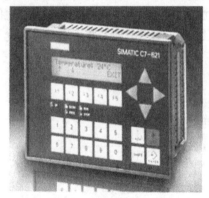

图 7.8　SIMATICS7 全系列的控制器
可作为 AS interface 主站

图 7.9　AS interface 接口主站模块

3）网关

在复杂的自动化系统中, AS interface 有时需要连到更高一级的现场总线系统上（例如 PROFIBUS）,这就需要一个网关设备（如:DP/AS-i 链路）。这个网关在 AS interface 网络上作为一个主站,同时又是高一级现场总线网络的一个从站。在这种配置中,AS interface 是高层现场总线系统的数字信号源。

4）电缆

规范的黄色电缆几乎成了 AS interface 的代名词。这种电缆有特定的几何截面,通过它可向传感器同时传送数据和提供辅助电源。执行器是必须由附加的辅助电源供电的(如:辅助电压为 24V DC)。不同颜色的规范电缆可以使用相同的安装技术。黑色的规范电缆用于提供 24V DC 辅助电压。

AS interface 规范电缆芯线绝缘材料通常是橡胶混合物(EPDM)。对于要求较高的应用场合,例如:要求防化学制剂腐蚀的场合,可以选用规范的 TPE (热塑性弹性体) 和 PUR(聚胶脂)电缆,也可以选用无 PE 导线的圆形双线电缆。

5)电源模块

AS interface 网络的电源模块能提供直流电压:29.5 ~ 31.6V。该电压是符合 IEC 标准中对功能性超低压产品安全绝缘性(PELV)的规定的。PELV 回路的安全绝缘性,可由按照 IEC742—1 标准设计的电源模块实现。该电源模块同时满足对持续短路阻抗和过载耐压特性的各种要求。

由于 AS interface 的电源模块集成有数据解耦性能,可以通过同一根电缆同时传送数据和电源。使用交变脉冲调制技术(APM)进行数据调制。每个 AS interface 线要求有自己的电源模块。输出端通常采用黑色的 AS interface 电缆供电。根据 PELV 规范(接地保护导线),24V DC 标准电源模块是必须的。

6)网络扩展部件

中继器是网络扩展部件之一。使用中继器,AS interface 可正常工作在 300m 以内,不使用中继器只能在 100m 内正常工作。

如果系统的布局要求电缆的长度超过 100 米时,网络可以通过添加中继器扩展到 300m,每个中继器可以向外扩展 100m 的网段。中继器工作原理就如同一个放大器。从站可以连到任何 AS interface 的网段上,每个网段必须有自己的电源模块。由于中继器在两个网段之间可以实现电气隔离,这样如果发生了短路事件,不致相互影响。使用中继器并不增加最大允许的连接从站数目,参见图7.10。

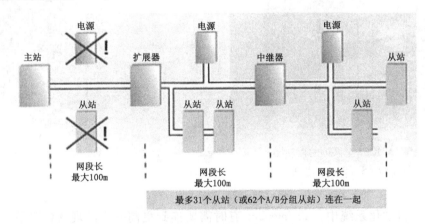

图 7.10 AS interface 网段的扩展

使用扩展器,同样可以实现 AS interface 电缆的扩展。在这种方式下,第一个网段就不能再连接从站了,扩展器一般用在距离较长的场合,例如:用在控制柜和生产设备之间。参见图7.10。

7.5.2　应用于 AS-i 网络的可通信电器

应用 AS interface 网络的执行器和传感器与传统的电器元件有显著的不同，它们不仅具有通信功能，而且通常为机电一体化产品，具有一些新的功能。下面对几个典型产品做简要介绍。

(1) BERO 接近开关

BERO 接近开关是一种非接触式接近开关。由于没有机械磨损，因而寿命长，并且对环境影响不敏感。这种接近开关按工作原理分为感应式、电容式和超声波式 3 种。BERO 接近开关可以直接连接到执行器/传感器接口或接口模块上。特殊的感应式、光学和声纳 BERO 接近开关可以直接连接到执行器/传感器接口上。除了开关输出之外，它们的显著特点是集成有 AS interface 芯片，还提供其他信息（例如，开关范围和线圈故障）。BERO 接近开关是可直接连接到 AS interface 网络的传感器，通过 AS interface 电缆可以对这些智能 BERO 设置参数。图 7.11 为集成 AS interface 芯片的 BERO 接近开关。

图 7.11　BERO 接近开关　　　　　　　图 7.12　按钮和指示灯组合电器

(2) SIGNUM3SB3 按钮和指示灯组合电器

SIGNUM3SB3 是将按钮和指示灯装在一个封闭外壳内，集成有 AS interface 芯片，可以实现完全的通讯功能。通过集成的 AS interface 模块 41/40 的印刷电路板就可以将其连接到 AS interface 网络系统上。带灯指令按钮通过 AS interface 电缆供电。通过特殊的 AS interface 从站和独立的辅助电源可以实现 SIGNUM3SB3 按钮和指示灯组合电器的单个连接。这样一来，每个 SIGNUM3SB3 按钮和指示灯组合电器可以最多连接 28 个常开触点和 7 个信号输出点。有 2、3、4 或 6 个指令点（表示一个按钮和指示灯的组合），只需一根 AS interface 电缆就可对包括指示灯在内的所有指令点进行控制和供电。图 7.12 为集成 AS interface 芯片的 SIGNUM3SB3 按钮和指示灯组合电器。

(3) LOGO! 逻辑模块

它是一种可编程的智能化继电器，集逻辑控制与各种继电器功能于一体，包括延时、闭锁、计数器、脉冲继电器等功能。输入和输出接口可用作 AS 接口从站点。面板上有 LED 显示屏及操作人员键盘，通过按键，可简便地编制程序，修改控制功能，详见第 2 章的第 3 节。

7.5.3 可通信的低压断路器

(1)可通信万能式断路器

西门子公司生产的具有通信能力的万能式断路器有3VL、3WN6、3WN1和3WS1,适用于额定电流从630A～3 200A,运行电压至AC690V的大型建筑物、工矿企业、电站和水厂等场所,还适用于钻井机或船舶等场合;500V时短路分断能力达80kA;3WN1为高分断能力断路器,适用于大短路电流的配电系统,额定电流从630～3 200A,额定电压至AC1kV,在500V时短路分断能力至100kA;3WS1为真空断路器,有极高的电气和机械寿命,在1kV时的短路分断能力达40kA。它们分别通过接口DP/3WN6、DP/3WN1和DP/3WS1等,与PROFIBUS总线连接,即把现场分布的从设备和中央控制室中的主设备相互联网。低压开关设备应用PROFI-BUS—DP,这种型式具有高数据传输率,适用于自动化系统与分布的现场设备的通信。PROFI-BUS由一个二芯电缆连接主站和现场设备,通过标准的规范传输信息。一个简单的PROFI-BUS网络最多可以连接125台现场设备。

在此,以万能式断路器3WN6为典型代表进行介绍。3WN6系列断路器为经济型断路器,参见图7.13。

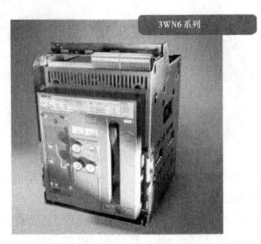

图7.13 3WN6系列断路器

1)基本配置

●用于过载和短路保护的电子式过电流脱扣器,短路保护具有时间分段延时功能,带有发光二极管显示脱扣原因,还有用作运行显示、带有查询和试验按键。

●带脱扣信号开关的机械重合闸锁定

●脱扣信号发送开关

●合闸准备就绪显示器及其信号发送开关

●断路器上装有所需数量的接线端子

●主回路连接水平后置

2)过电流脱扣器

新型的3WN6断路器以拥有新一代的过电流脱扣器为特征。所有的过电流脱扣器可用作时间分段控制,并且具有状态显示和故障原因显示。脱扣信号独立存储而不需外部电源,信号的查询也不需附加的信号装置。

对于脱扣器机电参数配置的测试也包含在脱扣器中。根据用户需要,还可以提供扩展的报警功能、电流表甚至通讯模块。

3)模块化

许多部件,如辅助脱扣器,电动机操作机构,过电流脱扣器和电流互感器等,可以很方便的就地更换,因而断路器可方便的根据系统变化的要求而改型。

4)3WN6的优点:

- 紧凑的外形使其可用于体积更小的开关柜。
- 固定式和抽屉式。
- 热耗散减少。
- 满负载运行至55℃。
- 所需的控制功率减少。
- 多种功能特征。
- 标准型中配置有多种可视信号和电气信号。
- 模块化结构。
- 适合于各种用途的过电流保护单元。

5)3WN6系列断路器应用

- 作为大型设备的主开关。
- 在三相系统中作为进线和出线装置。
- 用于通断和保护电动机、发电机、变压器和电容器组。

6)通信能力

图7.14为3WN6断路器通信网络示意图。由图可见,3WN6断路器通过DP/3WN6与PROFIBUS总线接口和主设备连接。主设备有可编程序控制器PLC(SPS)、个人计算机(PC)和编程装置(PG)等。

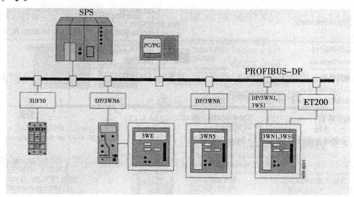

图7.14　3WN6断路器通信网络示意图

在电子式过电流脱扣器里装有一个内部通信模块,受微处理器控制,通过PROFIBUS—DP通信,数据通过一根电缆传送至接口DP/3WN6,由该接口把数据转换成PROFIBUS—DP的规范,以便与主设备进行通信。PROFIBUS总线系统保证了一台断路器可以与许多不同类型的主设备连接。以往复杂的线路连接被简单的双线系统所取代。系统的主设备各自带有必要的软件支持,其中 GSD 文件为总线设置文件。

断路器通过该网络系统不仅可以闭合和分断,而且还可以传输复杂的状态和诊断数据,例如:模拟检测量(如相电流、接地故障电流等)、事故信息(如上次脱扣类型、超温报警、三相不平衡等)、运行状态(分合位置、分励欠压脱扣器状态、合闸准备就绪信号等)、远距离参数设置、远距离控制,以及准确地预测维修周期。可方便地实现能源管理,大大减少了电能支出。

7)Win3WN6 软件和 SICAM LCC 软件

高性能的软件包可以简化断路器的操作,也可以更方便地使用断路器的通讯功能。

①Win3WN6 软件

该软件提供了 3WN6 断路器从参数设置、操作控制和监控的所有功能。

软件特点:

- 可用于 D、E/F、H、J/K、N 和 P 型脱扣器。
- 在 Windows 95 和 Windows NT4.0 操作系统下运行。
- Win3WN6 通过断路器脱扣器面板上的 RS232 接口或通过 PROFIBUS—DP ,以 PC 机或 SIMATIC S_5、S_7 为主机与断路器进行通讯。
- 观察断路器的运行状态和脱扣信号。
- 对断路器进行操作(可加密码保护)。
- 观测运行参数(如相电流)。
- 方便地设定保护参数(可加密码保护)。

Win3WN6 的优点:

- 参数设置方便快捷,节省时间,只要一次输入参数,然后将其拷贝至其他相同设置的断路器。
- 只要按一下按钮即可快速读出断路器的参数并打印出来。
- 只要点一下鼠标,即可得出断路器的诊断数据,避免或减少了停电检修时间。

②SICAM LCC 软件

该软件可使用户方便经济而快捷地创建工厂电器设备的图形化操作界面。SICAM LCC 适用于中小型工厂使用。

软件特点:

用于 3VL,3WN6,3WN1,3WS1 断路器和 SIMOCODE—DP 电动机保护和控制装置。

- 在 Windows 95 和 Windows NT4.0 操作系统下运行。
- 配置:在 PROFIBUS—DP 上级以 PC 机或 SIMATIC S_5、S_7 为主机。
- 显示电器设备示意图包括重要的数据信息。
- 测量值的显示和分析(最小值或最大值或平均值或曲线图,例如电流曲线图)。
- 事故列表。
- 报警列表。
- 打印,记录。
- 调用其他软件(如 Win3WN6;WinSIMOCODE—DP)。
- 调用电器设备的参数(调用 Win3WN6;WinSIMOCODE—DP)。

SICAM LCC 的优点:

- 为工厂配电用电器设备提供了清楚的标准图形界面。

- 只要按一下按钮即可快速读出电器设备的参数并打印出来。
- 通过对所有连接的电器设备进行诊断可避免或减少工厂的停电检修时间。
- 通过对测量值（如电流值）进行分析,可实现最佳的能量管理,减小负载峰值。
- 采用标准工具实现图形化操作,减少了成本。

(2)可通信塑壳低压断路器 3UF5

3UF5 是西门子公司生产的,其额定电流从 63~800A。它利用电动机保护和控制装置 SIMOCODE—DP 作为接口,与现场总线 PROFIBUS—DP 通信。

集成有 SIMOCODE—DP 的 3UF5 断路器,称为电动机保护和控制设备,参见图 7.15。它能够控制电动机起动,例如:控制直接起动器、可逆起动器、Y-△ 起动器等;可以通过使用可自由支配的输入和输出、内置真值表、计时器和计数器来执行用户定义的控制;可以通过 SIMOCODE—DP 测量合闸或分闸的运行信息、故障信息(包括脱扣和过载报警)以及最大相电流,并把这些信息通过 PROFIBUS—DP 输送给主设备,也可由主设备下达合闸或分闸指令;能够实现电动机保护功能,如过载保护、相故障和电流不平衡检测;还能够实现热敏电阻电动机保护功能和接地故障监视功能。

图 7.15　可通信的断路器 3UF5

3UF5 SIMOCODE—DP 系统模块化配置由下列部件组成:

1)3UF50 基本单元

这个带有 4 个输入和 4 个输出的基本单元,自动执行所有保护和控制功能,并提供与 PROFIBUS—DP 的连接。这 4 个输入由内部的 24V DC 电源供电。扩展模块、操作面板、手操设备或 PC 均可通过系统接口予以连接。该基本单元有 3 种不同的控制电源电压类型:24V DC, 115V AC, 230V AC。

2)3UF51 扩展模块

该扩展模块另外向系统提供 8 个输入和 4 个输出。设备本身由基本单元供电。这 8 个输入必须连接到一外部电源上。此处,有 3 种不同类型的电压 (24V DC, 115V AC, 230V AC)。与基本单元的连接以及与操作面板、与手操设备或与 PC 的连接均是通过系统接口来进行的。

3)3UF52 操作面板

用于对柜内的驱动器进行手动控制。可连接至基本单元和连接至扩展模块。由基本单元供电。对于手操设备或 PC 可实现连接。安装在前面板内或 IP54 柜门内。3 个按钮可自由参数化。6 个信令 LED 也可自由参数化。

4)3WX36 手操装置

该装置可以连接到基本单元、扩展模块或运行模块上。具有调试、控制、参数化、诊断和维护功能。

目前 3UF5 SIMOCODE—DP 系统已经成功地应用于马来西亚的水泥和石化行业;欧洲的造纸厂、化工厂、纺织厂、炼钢厂、燃气厂和水厂;南非的化工厂;南美的食品和消费品行业以及北美的钢材行业。而且该系统不久也将安装在澳大利亚的一家炼钢厂中。

(3) Bulletin825 型智能化电动机控制器

Bulletin825 型智能化电动机控制器是美国 Rockwell AB 公司生产的,它是一种可通信、可编程的电子过载保护器,其保护特性包括热过载、断相、堵转、短路故障等。控制功能包括紧急起动、热起动、起动次数限制、双速起动和星- 三角形起动。这种控制器可通过 PROFIBUS 现场总线与 PC 机通信。

(4) IMPACC 检测、保护和控制通信系统

IMPACC 检测、保护和控制通信系统是美国西屋公司生产的,可用于中压和低压成套装置。IMPACC 系统由主控单元来管理对现场设备的监控、保护和控制通信。主控单元可以是微机和可编程控制器,通过各种现有软件,操作人员可得到各种监测数据,并根据自己的权限对现场设备进行控制,IMPACC 系统的主要功能包括:

1)及时给出故障诊断信息。对断路器跳闸后原因及过载大小及时给予显示、记录,并显示事件发生的时序,以便确定跳闸原因,可大大减少维修人员的工作量,及早排除故障。

2)对隐患预先做出预警。在故障发生前做出预警,通过用负载或平衡负载来保障设备正常运行。

3)改进电能管理。它能记录每日每季的负荷,并对负载进行调度以减少可能的故障时间,能精确计算网内电费。

IMPACC 系统用于低压开关柜和马达控制中心的可通信开关电器元件,有带 Digitrip RMS 智能脱扣器的 DS、DSL、SPB 和 Series C 系列低压断路器,IQ500 电动机智能化多功能保护器,IQ Data Plus II 测量和电压保护器及 Electronic Monitor II 成套检测装置等。主控单元和可通信电器元件之间通过 MODBUS 现场总线进行连接。IMPACC 系统可连接 1 000 个仪表设备,通信距离可达 2.3 km。支持 IMPACC 系统的软件主要有 Series III ,它是用户化的完整的配电系统软件,具有监测和控制功能,能记录系统数据,编制标准的或用户化的报表及曲线。Series III 软件界面为 Microsoft Windows。

小   结

本章主要介绍了低压电器数据通信的特点和技术基础,介绍了现场总线及 PROFIBUS,同时也介绍了几种可通信的低压电器及其特点。

习　题

7.1　低压电器数据通信的特点。

7.2　现场总线的实质是什么?

7.3　PROFIBUS 提供了几种通信协议类型?

7.4　AS-i 网络的工作特点。

7.5　AS-i 的主要部件。

7.6　可通信的低压断路器有哪些?

7.7　AS-i 的功能作用是什么?

参考文献

1　赵明主编. 工厂电气控制设备. 第二版, 北京:机械工业出版社, 1994

2　李振安. 工厂电气控制技术. 重庆:重庆大学出版社, 1995

3　方承远主编. 工厂电气控制技术. 北京:机械工业出版社, 1998

4　陈立定等. 电气控制与可编程控制器. 广州:华南理工大学出版社, 2001

5　王仁祥主编. 常用低压电器原理及其控制技术. 北京:机械工业出版社, 2001

6　文冲等. 现代时尚楼群智能化建筑. 北京:北京希望电子出版社, 2001

7　王晋生编. 新标准电气识图. 北京:海洋出版社, 1992

8　贺天枢主编. 国家标准电气制图应用指南. 北京:中国标准出版社, 1989

9　天津电气传动设计研究所编写. 电气传动自动化技术手册. 北京:机械工业出版社, 1992

10　陈小华. 现代控制继电器实用技术手册. 北京:人民邮电出版社, 1998

11　中国电工技术学会电工标准化研究会编. 电工最新基础标准应用手册. 北京:机械工业出版社, 1992

12　李茂林主编. 低压电器及配电电控设备选用手册. 沈阳:辽宁科学技术出版社, 1998

13　马志勇主编. 常用自动化控制器件手册. 北京:机械工业出版社, 1996

14　陈绍华主编. 机械设备电器控制. 广州:华南理工大学出版社, 1998

15　熊葵容主编. 电器逻辑控制技术. 北京:科学出版社, 1998

16　邓则名主编. 电器与可编程控制器应用技术. 北京:机械工业出版社, 1997

17　1989—2000 年各期《低压电器》有关期刊文章

18　《无线电》杂志, 2001 年第 10 期

19　李桂和. 电器及其控制. 重庆:重庆大学出版社, 1993

20　余雷声. 电气控制与 PLC 应用. 北京:机械工业出版社, 1997

21　方承远, 王炳勋主编. 电气控制原理与设计. 银川:宁夏出版社, 1989

22　谭世哲等编著. 电路设计与制版 Protel 98. 北京:人民邮电出版社, 1998

23　清源计算机工作室编著. Protel 99 仿真与 PLD 设计. 北京:机械工业出版社, 2000

24　清源计算机工作室编著. Protel 99 原理图与 PCB 设计. 北京:机械工业出版社, 2000

25　［美］George Omura 著. AutoCAD14 从入门到精通. 徐有光等译, 北京：电子工业出版社, 1998

26　陈爱弟编著. Protel 99 实用培训教程. 北京：人民邮电出版社, 2001

27　德国西门子现场总线 PROFIBUS、低压电器、可通信电器产品说明书等

28　日本欧姆龙低压电器产品说明书等

29　法国施耐德低压电器产品说明书等